JN299189

SOLAR CELL

太陽電池の基礎と応用

主流である結晶シリコン系を題材として

菅原和士［著］
Sugawara Kazushi

朝倉書店

まえがき

　1950年代の半ば，半導体シリコン基板にpn接合を設けた構造の太陽電池が発明された．これが，現在，太陽電池市場で主流になっている結晶シリコン系太陽電池の源流である．発明以降，この種の太陽電池に関する研究は米国を中心になされ，70年代の後半に至って，基本的な技術がほぼ確立した．1990年頃まで，基板の厚さは300 μm 程度であったが，その後，基板の切断技術が進歩し，最近は200 μm 程度の基板が使用されている．

　国内で最初に太陽電池に取り組んだのがシャープ（株）である．やがて，京セラ（株）と三洋電機（株）も参入した．三洋電機の太陽電池には，厚さが数 μm のアモルファスシリコンが使用された．このように薄い太陽電池を薄膜太陽電池と呼び，上記の結晶シリコン系太陽電池と区別されている．1990年頃から，いろいろの新材料を使用した薄膜太陽電池が開発されつつあるが，まだ開発途上のものもある．一方，結晶シリコン系太陽電池の製造技術はほぼ確立されているため，現在，太陽電池世界市場のほとんどが結晶シリコン系太陽電池である．

　昨今，一般家屋の屋根に，タタミ程度の大きさの太陽電池を見かけるが，これらは太陽電池モジュール（または太陽電池パネル）である．モジュール内には多くの太陽電池単体が電気的に結線されている．太陽電池単体を太陽電池セルという．太陽電池モジュールを製造するまでは，基板の製造，太陽電池セルの製造と評価試験など多くの工程がある．各工程では多くの専用設備が使用されている．

　太陽電池を初めて学ばれる読者にとって，多くの種類の太陽電池の発電原理や製造工程を理解するには相当の時間を要する．太陽電池の開発に従事したことがある筆者の経験から，多種多様の太陽電池を知るよりは，まずは，市場で圧倒的なシェアを占めている結晶シリコン系太陽電池に関する知識を体系的に学ばれることを勧めたい．結晶シリコン系太陽電池の原理，構造，素材などを体系的に理解すれば，他の種類の太陽電池は容易にわかる．このような理由から，本書では，結晶シリコン系太陽電池に絞り，基板の製造，太陽電池セルとモジュールの製造，太陽光発電システム，スマートグリッドなど，一連の技術を詳細に記載した．

　日本の太陽電池産業は中国などのアジア諸国に追随されつつあるが，まだ太陽電池製造技術は世界最高水準である．また，太陽電池は有力な新エネルギー源で

あるため，政策としても注目されはじめた．このような趨勢にあっては，理工系大学はもちろんのこと，文系大学の学生や会社員にとっても，太陽電池の基本を知っておくことが望ましい．本書では，比較的数学的に複雑と思われる節に★印をつけた．必要に応じて，これらの節は省略できる．読者の立場によっては，★印の節だけでなく，数学的に煩雑と思われる章や節を省略できる．

　2000年頃から，経済の低迷によって地方が寂れつつあり，「仕事の創出」が要望されている．現在，太陽電池セルとモジュールは一貫して大企業が製造しているが，モジュールは中小企業でも製造することができる．太陽電池モジュールの製造に，地方の中小企業が参画できる「仕組み」を構築すれば，「仕事の創出」すなわち「活性化」に役立つ．本書には太陽電池モジュールの製造による「仕事の創出」について述べた．最近，太陽電池を「エコ製品」とみなし，太陽電池発電所の建設に乗り出している地方自治体があるが，地方の持続的発展のためには，発電所と異なる「太陽電池による多くの仕事を創出する仕組み」を考えることが大切である．

　今までの太陽電池産業動向をみて感じることは，「太陽電池の政策への応用」が欠落していたことである．「政策への応用」をわかりやすく述べると，例えば，世界の大学などに通用する「太陽電池技術教育大学」（仮称）などの設立があげられよう．技術教育を通して，日本が多くの開発途上国などに貢献できる「仕組み」を構築すれば，世界における日本の「重み」が増すに違いない．これは国家の品格であり，国益に直結する．

　本書には，結晶シリコン系太陽電池の技術だけでなく，太陽電池による「仕事の創出」と「政策への応用」なども盛り込んだ．本書が読者のお役に立つなら幸いである．

2012年3月

菅原和士

目　　次

1　太陽電池入門 ─────────────────────────── 1
　1.1　太陽電池の歴史　1
　1.2　太陽電池の種類，外観，および構造　2
　1.3　太陽電池の変換効率　5
　1.4　新型太陽電池―曲げられる太陽電池―　5
　1.5　太陽電池モジュールとアレイ　6
　1.6　各種太陽電池の生産量の年次推移　7
　1.7　太陽電池と他の新エネルギー源との比較　7
　1.8　太陽電池に関する専門用語　9

2　太陽電池の研究開発史 ───────────────────── 12
　2.1　欧米における太陽電池開発史　12
　2.2　ベル研究所　14
　2.3　米国における人工衛星用太陽電池　15
　2.4　化合物半導体CdS系太陽電池の発祥の地，オハイオ州クリーブランド
　　　　16

3　日本，EU，およびアジアにおける太陽電池開発動向 ─────── 17
　3.1　代表的な日本の太陽電池メーカ　17
　3.2　EUにおける太陽電池の開発動向　20
　3.3　日本メーカと海外メーカの生産量の比較　21
　3.4　将来動向　22
　3.5　太陽電池製造ライン（ターンキーソリューション）メーカの台頭　23
　3.6　アジアにおける新エネルギー産業動向―台湾，中国，韓国，その他―
　　　　24
　3.7　アジアにおける新エネルギー産業政策　25
　3.8　台湾，韓国，中国におけるLED照明産業と政策　25

4 太陽光のスペクトル，ソーラーシミュレータ，分光器 ———— 27

- 4.1 光の粒子性　27
- 4.2 太陽光のスペクトル　29
- 4.3 太陽から放射されるもの　31
- 4.4 大気について　32
- 4.5 太陽光の分光放射強度とエアマス　32
- 4.6 ソーラーシミュレータと分光感度特性　34
- 4.7 分光器と分光感度の種類　37
- 4.8 分光器からの放射光スペクトル　38

5 太陽電池の半導体基礎物性 ———————————— 41

- 5.1 電子のとりうるエネルギー　41
- 5.2 シリコン原子　42
- 5.3 シリコン結晶　42
- 5.4 シリコン結晶中の電子のエネルギー　43
- 5.5 真性半導体と不純物半導体　44
- 5.6 フェルミ準位　48
- 5.7 バンド構造と電気伝導度　49
- 5.8 印加電圧による電流（ドリフト電流）　50
- 5.9 拡散電流　51
- 5.10 拡散長　51
- 5.11 光導電効果　52
- 5.12 pn接合のバンド構造　52
- 5.13 空乏層の形成　53
- 5.14 半導体内の電界　54
- 5.15 太陽電池の変換効率の禁止帯幅依存性　55
- 5.16 半導体による光子の吸収　56
- 5.17 光子の半導体への浸透　57
- 5.18 変換効率を規制する因子　58
- 5.19 ダイオード特性　59
- 5.20 各種半導体の電気伝導度の不純物濃度依存性　62
- 5.21★　移動度　62

5.22★ 各種半導体の物性特性と理論的変換効率　64

6　不純物原子の拡散技術と計測法 ──── 65

6.1　不純物の拡散機構　65
6.2　不純物濃度分布の測定　66
6.3　シリコン基板へのリンの拡散方法　68
6.4　拡散の深さの簡易測定法（ステイン法）　69
6.5★　拡散理論　70

7　太陽電池の発電原理 ──── 73

7.1　太陽電池のバンド構造　73
7.2　太陽電池の電流電圧（$I\text{-}V$）特性　75
7.3　$I\text{-}V$ 特性に影響を及ぼす因子　78
7.4　太陽電池の等価回路　84
7.5★　$I\text{-}V$ 曲線の数学的記述　86
7.6　太陽電池内部でのキャリア生成度合い　88
7.7★　開放電圧 V_{oc} の数学的記述　89
7.8★　太陽電池の直列抵抗　89
7.9★　太陽電池の電極パターンの設計　90
7.10　太陽電池出力特性の温度依存性　92
7.11　分光感度特性　94

8　結晶シリコン系太陽電池の素材の製造 ──── 97

8.1　シリコンの結晶成長技術の歴史　97
8.2　太陽電池用シリコン基板の厚さ　98
8.3　化学用語　98
8.4　シリコン基板の原材料の製造　100
8.5　単結晶シリコンインゴットの作製　103
8.6　多結晶シリコンインゴットの作製　105
8.7　シリコン基板の作製と形状　106

9　結晶シリコン系太陽電池の作製－基板の仕様と洗浄－ ──── 110

9.1　結晶シリコン系太陽電池の作製工程概要　110

9.2 シリコン基板の仕様　110
9.3 シリコン基板の表面検査装置　111
9.4 シリコン基板表面の自然酸化膜 SiO_2　111
9.5 シリコン基板の洗浄方法―化学的洗浄と物理的洗浄―　112
9.6 フッ化水素によるウェットエッチング　113
9.7 ドライエッチング　114

10 結晶シリコン系太陽電池の作製―pn 接合の形成―　120

10.1 基板の仕様　120
10.2 拡散炉による pn 接合の形成　121

11 結晶シリコン系太陽電池の電極形成法　123

11.1 スクリーン印刷に関する専門用語　123
11.2 スクリーン印刷による表面電極の形成　125
11.3 インクジェットによる表面電極の形成　126
11.4 表面電極の形状とインターコネクタの結線　126
11.5 物理的方法による表面電極の形成　126
11.6 裏面電極の形成　129

12 反射防止膜の物性と形成法　130

12.1 各種反射防止膜の物性特性　130
12.2 二酸化ケイ素（SiO_2）の特性　131
12.3 二酸化ケイ素の形成方法　132
12.4 窒化シリコン（Si_3N_4）膜の形成　135
12.5 物理的方法による反射防止膜の形成法　135
12.6 反射防止膜の反射率と厚さの設計　136
12.7 ITO（インジウムスズ酸化物）　138
12.8 多層反射防止膜の反射率　138
12.9★ エリプソメータによる光学的特性の測定　139
12.10 結晶シリコン系太陽電池の仕様例　142

13 結晶シリコン系太陽電池モジュールの構造と作製法　143

13.1 結晶シリコン系太陽電池モジュールの種類と構造　143

13.2　モジュール作製に関する用語　144
　　13.3　ラミネータの構造　150
　　13.4　バイパスダイオード　151
　　13.5　モジュール作製の手順　153
　　13.6　モジュールの出力特性　154
　　13.7　モジュールの量産製造工程　155
　　13.8　典型的なモジュールの特性　156

14　太陽電池セルと太陽電池モジュールの評価技術 ── 158

　　14.1　太陽電池セルに対する評価試験の項目　158
　　14.2　人工衛星用太陽電池の評価試験－放射線照射試験－　159
　　14.3　外観検査　159
　　14.4　電気的，光学的特性の測定　160
　　14.5　膜厚および表面粗さ計　160
　　14.6　太陽電池モジュールの評価試験　161

15　太陽光発電システムとスマートグリッド ── 166

　　15.1　家庭用の系統連結システムと独立型システム　166
　　15.2　家庭用太陽光発電システムに付随する電気部品　168
　　15.3　大型太陽光発電システム　173
　　15.4　太陽電池発電所用の大型二次電池－ナトリウム・硫黄二次電池－　175
　　15.5　電力の「固定価格買取り制度」とスマートグリッド　176

16　太陽電池による「日本再生政策」私案 ── 179

　　16.1　政治界と大学界に望む　179
　　16.2　「固定価格買取り制度」の導入　180
　　16.3　太陽電池モジュール作製による仕事の創出－国家プロジェクト案－　181
　　16.4　大規模国家プロジェクト　183

付　　録 ── 185
索　　引 ── 191

1
太陽電池入門

1.1 太陽電池の歴史

　太陽電池（solar cell）は太陽光の照射により発電する素子（デバイス）である．現在，太陽電池はクリーンエネルギー源として世界的に普及しつつあるが，もともと人工衛星用電源として，1954年，米国のベル研究所の**Chapin**, **Fuller**, **Pearson**によって発明されたのが始まりである．

　まず，太陽光のエネルギーの大きさについて述べる．1平方メートル〔m^2〕の地上に照射する真夏の太陽光エネルギーは約1キロワット〔kW〕である．この数値は概算として覚えておくと便利である．太陽電池が注目される理由は，太陽光がクリーンで無尽蔵であるからである．太陽電池を**太陽電池セル**（photovoltaic cell）ということがある．英語のcellには「細胞」という意味もある．参考まで，携帯電話をcellular phoneという．開発当初は太陽電池をソーラーバッテリ（solar battery）ということもあったが，現在はソーラーセル（solar cell）という．なぜなら，以下に述べるように，「セル」と「バッテリ」には違いがあるからである．よく知られたバッテリに自動車の鉛蓄電池がある．バッテリは一度，充電すると自ら発電するが，太陽電池は第3の媒介（太陽光）があって，初めて発電する．このように，第3の媒介がなくても自ら発電する装置をバッテリといい，第3の媒介があって発電する太陽電池をソーラーセルと呼ぶ．クリーンエネルギー源として注目されている**燃料電池**も同様である．燃料電池は燃料となる水素と酸素の化学反応によって発電する．これらの気体がなければ発電できない．したがって燃料電池をfuel cellという．

　光のエネルギーを電気エネルギーに変換する現象を**光起電力効果**（photovoltaic effect）という．photovoltaicの読み方は「フォト・バルティク」に近い．photoはギリシャ語の「光」を意味し，voltaicはイタリアの物理学者**ボルタ**（Alessandro Volta：1745-1827）に由来する．ボルタは電池の発明などで知られており，電圧

を表す単位ボルト〔V〕もボルタに由来する．

1.2 太陽電池の種類，外観，および構造

(1) 太陽電池の種類

太陽電池は，構成素材の種類や厚さなどの違いにより，**表1.1**のように分類される．同表に示したように，太陽電池には**結晶シリコン系太陽電池**のほか，薄膜太陽電池などがある．結晶シリコン系太陽電池を**結晶 Si 系太陽電池**と書くこともある．現在，太陽電池市場で主流になっているのが結晶 Si 系太陽電池である．この種の太陽電池は歴史的に最も古くから研究されており，機械的に強く，耐久性にも優れている．発電原理はほかの種類の太陽電池の基本でもあるので，結晶 Si 系太陽電池を理解しておけば，ほかの太陽電池は容易に理解できる．本書では，結晶 Si 系太陽電池について述べる．

表1.1 太陽電池の種類

- ■ バルク太陽電池
  - 単結晶 Si 系太陽電池
  - 多結晶 Si 系太陽電池
    - ・市場で主流
  - GaAs 系太陽電池（主として宇宙用）
    - ・民生用としてはほとんど使用されていない
  - 薄型 Si 系太陽電池（50 μm；宇宙用）
  - InP 系太陽電池（宇宙用）
- ■ 薄膜太陽電池
  - Si 系薄膜太陽電池
    - ・アモルファス Si 太陽電池
    - ・微結晶 Si 太陽電池
  - タンデム形太陽電池
    （別名：ハイブリッド形太陽電池）
    - ・例えば，アモルファス Si 薄膜と微結晶 Si 薄膜の積層構造
  - カルコパイライト薄膜太陽電池
    - ・CuInGaSe$_2$（略称：CIGS 太陽電池）
    - ・CuIn(SSe)$_2$
  - 色素増感太陽電池（別名：湿式太陽電池）
    - ・比較的容易に作製できる
  - 有機太陽電池（有機物を使用）
    - ・曲げることができる

(2) 結晶シリコン系太陽電池の概観

結晶 Si 系太陽電池の概要と専門用語を述べる．典型的な結晶 Si 系太陽電池の外観を**図 1.1** に示す．この種の太陽電池はシリコン結晶からできている．シリコン結晶には**単結晶**と**多結晶**があるが，それらの違いについては第 8 章で述べる．以下，太陽電池の外観に関する基本的なことを述べる．図 1.1(a) は 1990 年代の結晶 Si 系太陽電池である．同図の右のセルはフランス製で，サイズが多少小さい．素材は，いずれも多結晶シリコンである．図 1.1(b) は現在主流の結晶 Si 系太陽電池の一例で，一辺が約 15.6 cm の正方形である．

参考まで，太陽電池の素材が単結晶か多結晶かを識別する一般的な方法を述べる．図 1.1(b) に 2 個のセルを示してあるが，隅の形状に違いがあるので注意されたい．左のセルの隅はカットされたような形状であり，右のセルはほぼ直角である．この違いは，単結晶と多結晶の製造方法の違いによる．左のセルは単結晶で，右のセルは多結晶である．ただし，メーカによって形状が異なることがあるので注意されたい．太陽電池表面の電極を**表面電極**という．形状はメーカによって幾分異なるが，一般に図 1.1 に示したような「くし形」形状が多い．このような形状の電極を**くし形電極**という．表面電極の素材として導電性がよい銀などがよく使用される．ただし，純粋の銀は酸化されて，黒く変色するので，銀の表面にハンダがコートされていることが多い．裏面にも電極があり，**裏面電極**という．これは裏面一面にアルミニウムなどを蒸着したものが多い．表面電極と裏面電極の形成法の詳細は第 11 章で述べる．なお，図 1.1(a) の右のセルについた 2 本の電線を**インターコネクタ**というが，これは隣同士のセルを結線するためのものである．これについては第 13 章で述べる．

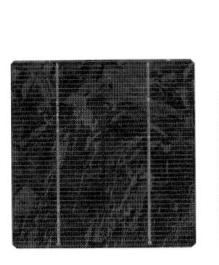

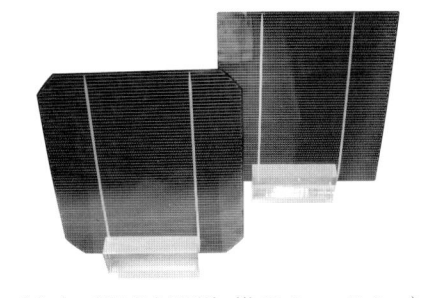

(a) 多結晶 Si 太陽電池（左：約 10 cm×10 cm）

(b) 左：単結晶太陽電池（約 15.6 cm×15.6 cm）
　　右：多結晶太陽電池（約 15.6 cm×15.6 cm）

図 1.1 各種結晶 Si 系太陽電池の外観

(3) 結晶シリコン系太陽電池の断面構造

結晶 Si 系太陽電池の**断面構造**と表面電極の詳細をそれぞれ，**図 1.2**(a) および (b) に示す．図 1.2(a) に示すように，結晶シリコン層に 2 種類の層がある．表面に近いほうの層には，不純物リン P が人為的に添加されており，下部のほうにボロン B が添加されている．なお，これらの不純物の種類と添加法については第 6 章で述べる．図 1.2(a) に示したシリコン結晶を**シリコン基板**という．1990 年頃までは，基板の厚さは約 300 μm であったが，それ以降，基板切断技術が向上し，徐々に薄くなり，最近は 200 μm 程度のものが多い．1 μm は 10^{-4} cm である．参考まで，150 μm のシリコン基板は，プラスチック製の敷板のように曲げることができるが，太陽電池本体は曲げることができない．シリコン基板の内部には無数の原子がある．各原子には 4 つの電子が束縛されている．太陽光は

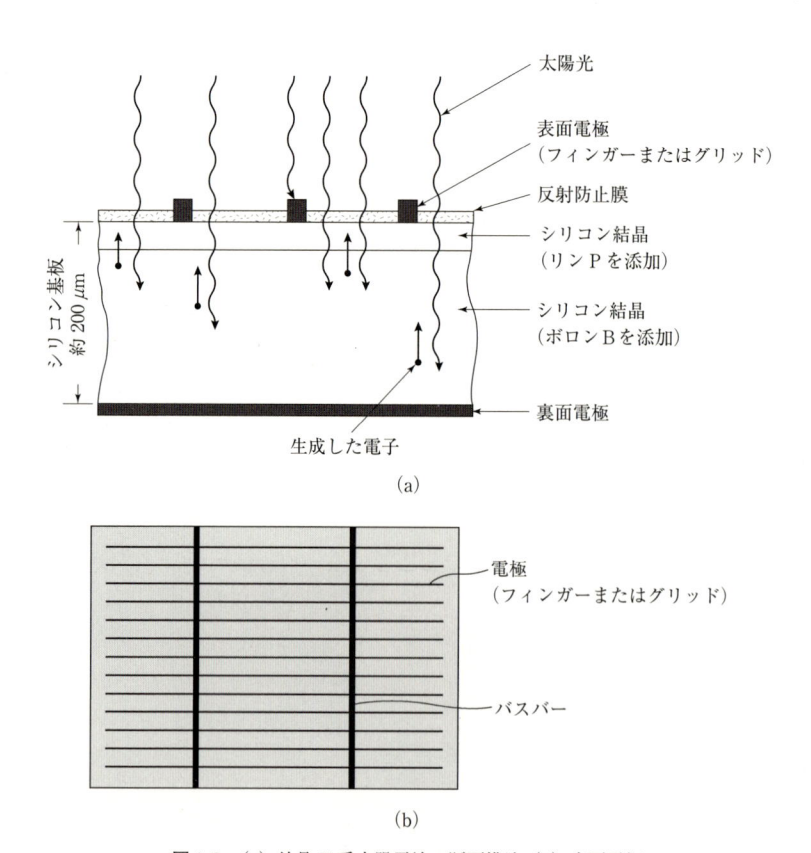

図 1.2 (a) 結晶 Si 系太陽電池の断面構造 (b) 表面電極

シリコン結晶内部に約数十 μm まで浸透する．浸透した光が「束縛電子」に衝突すると，電子は「自由」になり結晶内を自由に動けるようになる．このような電子を**自由電子**という．自由電子は，図1.2(a) に示すように表面電極へ向かって流れる．人為的に添加した不純物の種類と濃度を調整することで，生成した電子を表面電極へ流れやすくすることができる．表面電極へ到達した電子は電流として外部回路に流れる．このように，太陽電池は光のエネルギーを電気エネルギーに変換する素子である．

　図1.2(b) は典型的な表面電極のパターンである．幅の細い部分を**フィンガー**（finger）あるいは**グリッド**（grid）といい，幅の広い部分を**バスバー**（busbar）という．バスバーの幅は約2mmである．太陽電池モジュールをつくるとき，多数の太陽電池セルを並直列に結線するが，結線する電線を**インターコネクタ**（interconnector）という．インターは英語の接頭語で inter- で，「相互，間」の意味がある．インターコネクタは，幅が約2mmでハンダあるいは溶接でバスバーに結線される．図1.1(a) の右のセルについた2本の電線がインターコネクタである．

1.3　太陽電池の変換効率

　太陽電池は太陽光のエネルギーを電気エネルギーに変換するデバイスであるが，**変換効率**（または単に**効率**という）は次式に示すように，太陽電池に入射した太陽光エネルギーに対する電気出力の割合（百分率）で定義される．現状では，結晶Si系太陽電池の変換効率は約15～16%であり，薄膜太陽電池の効率は種類によって異なるが，12～14%程度である．変換効率に影響を与える重要な因子に関しては5.15節で述べる．

$$太陽電池の変換効率 = \frac{電気出力〔W〕}{入射太陽光エネルギー〔W〕} \times 100 〔\%〕 \qquad (1.1)$$

1.4　新型太陽電池―曲げられる太陽電池―

　表1.1に示した薄膜太陽電池には**有機太陽電池**や**色素増感太陽電池**がある．有機太陽電池は高分子フィルムを用いてつくられており，曲げることができる．
　色素増感太陽電池は2枚の薄膜の間に溶液を挟んでいるため，開発当初は，曲げると液体が漏れる可能性があったが，最近は曲げることができる．曲げられる

図 1.3　曲げることができる薄膜太陽電池

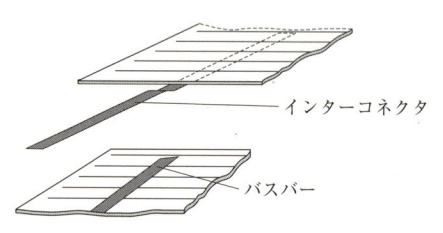

図 1.4　インターコネクタによる太陽電池の結線

太陽電池を**フレキシブル太陽電池**という．前述の結晶 Si 系太陽電池は曲げることができない．曲げられる太陽電池の一例を図 1.3 に示す．

1.5　太陽電池モジュールとアレイ

（1）　インターコネクタ

1.2 節で述べたように，太陽電池同士を結線する導線をインターコネクタという．図 1.4 に示すように，インターコネクタはバスバーに結線される．結線する方法に**ハンダ付け**あるいは**溶接**があるが，詳細は 11.4 節で述べる．

（2）　太陽電池モジュール（またはパネル）とアレイ

一般家屋の屋根に搭載されている太陽電池を見かける．地上からは見にくいが，通常，アルミ枠に入っている太陽電池一式を**太陽電池モジュール**あるいは単にモジュール（module）という．モジュールを**パネル**（panel）ということもある．複数個の太陽電池モジュールで構成された発電システムを**太陽電池アレイ**（solar cell array）という．ただし，太陽電池モジュールと太陽電池アレイを総称して太陽電池アレイということもあり，明確な区別はない．モジュールの大きさや形

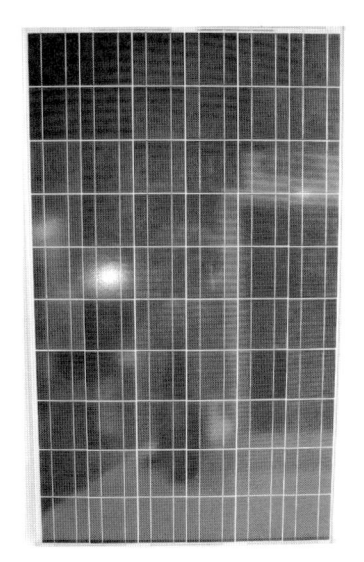

図 1.5　典型的な太陽電池モジュール（台湾の INYA 社製）

状はメーカと用途により千差万別である．太陽電池モジュールの一例を図 1.5 に示す．

1.6　各種太陽電池の生産量の年次推移

表 1.1 に記載した各種太陽電池の開発経緯と市場規模を定性的に図 1.6 に示す．結晶 Si 系太陽電池の基板として，当初は単結晶基板が使用されたが，最近は多結晶基板が多い．いろいろな太陽電池が開発されているが，なかには市場への本格的参入が難しいものもある．太陽電池市場の約 90% は結晶 Si 系太陽電池である．

1.7　太陽電池と他の新エネルギー源との比較

新エネルギー源には太陽電池以外に燃料電池や風力発電などがある．以下に，各種エネルギー源の特徴を比較する．

(1)　太 陽 電 池

エネルギーの発生は物理的な機構による．太陽電池モジュールの耐久性は数十

多結晶 Si 系

単結晶 Si 系

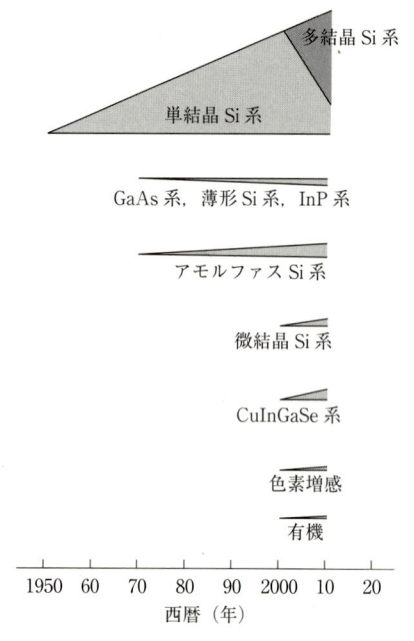

GaAs 系，薄形 Si 系，InP 系

アモルファス Si 系

微結晶 Si 系

CuInGaSe 系

色素増感

有機

1950　60　70　80　90　2000　10　20
西暦（年）

図 1.6　各種太陽電池の開発経緯と市場規模（定性的）

年であり，メンテナンスがほとんど不要である．多数のモジュールを結線した場合，配線の仕方により，あるモジュール配線に過剰の電流が流れ，その部分に損傷を起こすことがある．これはモジュールの問題ではなく，配線技術の問題である．

(2) 燃料電池

もともと燃料電池は人工衛星用電源として開発された．水素と酸素（あるいは空気）などを流し，水素を燃焼させて電力を発生させる．水素や酸素を**燃料ガス**という．太陽電池に比べ，維持管理をしなければならない．

(3) 風力発電

風力で風車を回して発電させる．機械的エネルギーを電気エネルギーに変換する装置である．景観や騒音の問題がある．落雷による被害も起こりうる．

1.8 太陽電池に関する専門用語

各種太陽電池の技術に関しては後章で述べるので，あらかじめ太陽電池に関する基本的用語を知っておくと便利である．以下に，太陽電池に関する用語を詳しく述べる．

(1) シリコン

すでに，表 1.1 に示したように，結晶 Si 系太陽電池には単結晶 Si 系太陽電池と多結晶 Si 系太陽電池があるが，基板はシリコン Si である．シリコン元素の特性を以下に示す．

《シリコン Si》　　原子番号 14　　分子量 28　　融点 1412℃
　　　　　　　　沸点 2680℃　　密度 2.33 g/cm^3

地球を構成する元素で最も多いのが酸素 O_2 で，次に多いのがシリコンである．地殻の酸素は酸化物として存在する．太陽電池用シリコンの製造には，シリコンを多量に含む高品質の鉱石を精錬するが，その方法については第 8 章で述べる．なお，ホームセンターなどに「シリコーン樹脂」が販売されているが，これはシリコンを含んだ合成樹脂であり，太陽電池用シリコンとは関係ない．

(2) シリコン基板

太陽電池の基板には多くの種類があるが，結晶 Si 系太陽電池の基板はシリコンである．シリコン基板にはいくつかの種類があるが，現在は一辺が約 15.6 cm の正方形が多い．なお，シリコン基板は太陽電池だけでなく，集積回路の基板にも利用されている．集積回路用の基板は単結晶で，直径が 30 cm あるいはそれ以上のものが使用される．太陽電池が開発された 1954 年から 1990 年頃までは，厚さが 300 μm 程度のシリコン基板が使用されたが，それ以降，徐々に 200 μm 程度の基板が使用されるようになった．なお，表 1.1 に示した薄形 Si 系太陽電池（宇宙用）には 50 μm 程度の基板が使用されることがある．薄形基板が使用されるのは，人工衛星の軽量化のためである．

(3) バルク太陽電池

太陽電池基板の厚さを表す言葉に**バルク**（bulk）がある．バルクは「大きな容

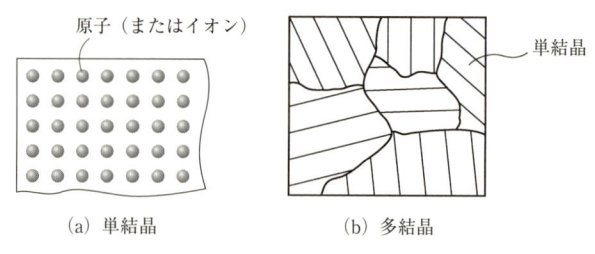

図 1.7 (a) 単結晶と (b) 多結晶の原子配列

器」や「かさばっている」の「かさ」を表すが，適切な日本語がないため，一般に「バルク」と呼んでいる．「バルク」は「薄膜」の反義語のように使用されている．感覚的に「薄膜」は「数 μm 程度」である．結晶 Si 系太陽電池の厚さは約 200 μm であり，典型的なバルク太陽電池である．50 μm の Si 系太陽電池も，感覚的にバルク太陽電池に含まれる．

(4) 単結晶基板と多結晶基板

太陽電池基板には**単結晶基板**と**多結晶基板**がある．単結晶や多結晶という用語は，素材を構成する原子の配列にかかわっている．**図 1.7**(a) に示すように，結晶全体において原子の配列が周期的に規則正しく並んでいるのが単結晶である．これに対し，図 1.7(b) に示すように，ある領域（**ドメイン**）では単結晶であるが，結晶全体としてみると，各ドメインでの配列方向が「まちまち」である結晶を**多結晶**という．

(5) 薄膜太陽電池

ガラス基板や高分子フィルム基板上に，厚さ数 μm 程度の薄い半導体層をもつ太陽電池が**薄膜太陽電池**である．表 1.1 に示したように，薄膜太陽電池にはいくつかの種類がある．薄膜太陽電池は，構成部品であるガラス基板なども含めると必ずしも薄膜ではないが，太陽電池の能動部分（pn 接合部分など）が数 μm であるため，薄膜太陽電池という．薄膜太陽電池の利点は半導体材料の節約にある．高分子膜を用いた太陽電池には曲げられるものがある．さらに色素増感太陽電池は要素となる素材（色素など）があれば，容易に作製することができる．

(6) 電気出力の単位

電気出力（電力）の単位はワット〔W〕である．10^3 W，10^6 W，10^9 W を，そ

1.8 太陽電池に関する専門用語

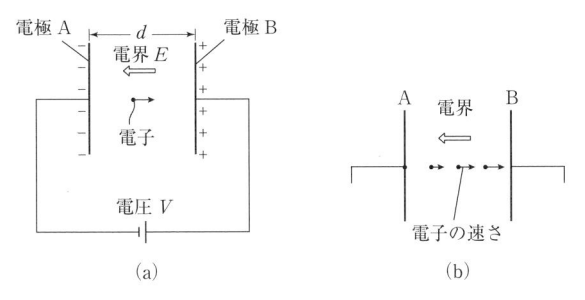

図1.8 エレクトロンボルト〔eV〕の説明図

れぞれキロワット〔kW〕，メガワット〔MW〕，ギガワット〔GW〕と書く．なお，キロ〔k〕などは国際単位系の接頭語である．詳細は付表IIIに示す．

(7)★ エレクトロンボルト

電子のエネルギーを表す単位として**エレクトロンボルト**〔eV〕をよく使用する．〔eV〕は非常に重要な単位であるため，わかりやすく説明する．まず，**図1.8**(a)に示すように，2枚の電極に電圧Vを印加する．電極AとB間には電界Eができる．2つの電極間にある電子には力$F=eE$が作用する．ここでeは電子の電荷である．この力により，電子は図1.8(b)に示すように加速される．電子が電極Bに到達したときの運動エネルギーは物理学的に求められ，eVで与えられる．例えば，AとBの電圧が5Vのとき，電子のエネルギーは5eVとなる．なお，1eVを温度に換算すると11604Kに相当する．これをわかりやすく説明する．思考実験であるが，電子を約11604Kの溶液に入れると，電子は熱により運動する．そのときの運動エネルギーが5eVに等しいのである．このことから，〔eV〕は非常に高い温度に相当することが理解できる．

2
太陽電池の研究開発史

現在，太陽電池市場で主流になっているのは，シリコン半導体を素材にした太陽電池であるが，源流は米国の人工衛星用電源である．今後，太陽電池は日本の国策になりつつある．読者におかれては，太陽電池に関する技術だけでなく，太陽電池の歴史を理解しておくことが望ましい．本章では，1950年頃から1980年頃までの米国での開発状況を中心に述べる．この時期に，結晶Si系太陽電池の技術がほぼ確立されたのである．

2.1 欧米における太陽電池開発史

現在，日本では太陽電池は一大産業となっているが，太陽電池の歴史について知っておくことが望ましい．砂漠の中の「井戸水」はありがたいが「井戸を掘った人」を忘れてはならないからだ．太陽電池の開発史における大きな出来事を**表2.1**に示す．太陽電池は半導体を使用しているため，表2.1には半導体用語が多い．それらの詳細については後章で述べる．現段階では，それらをすべて理解する必要はない．表2.1で，特に重要な出来事を枠で囲んだ．以下，それらの要点を述べる．

1817年，スウェーデンの化学者ベルセリウス（J. J. Berzelius）が**セレンSe**を発見した．現在，太陽電池の素材であるシリコン結晶を最初につくったのも彼である．1876年に，アダムス（W. G. Adams）とディ（R. E. Day）がセレンを用いた太陽電池を初めて作製した．このように，初期の太陽電池にはセレンが用いられたため，1900年頃まで，**セレン系太陽電池**の研究が続いた．

シリコン融液から単結晶シリコンを作製することに初めて成功したのがポーランドの物理学者チョクラルスキー（Czochralski）である（1916年）．1941年，オール（R. Ohl，米国の物理学者）が単結晶Si太陽電池を初めて試作し，米国特許を取得した．そのためOhlを「**太陽電池の父**」と呼ぶ．その後1960年頃まで，米国を中心にシリコン半導体デバイスや太陽電池の研究が活発になされた．

2.1 欧米における太陽電池開発史

表 2.1 太陽電池にかかわる大きな歴史的出来事[1]

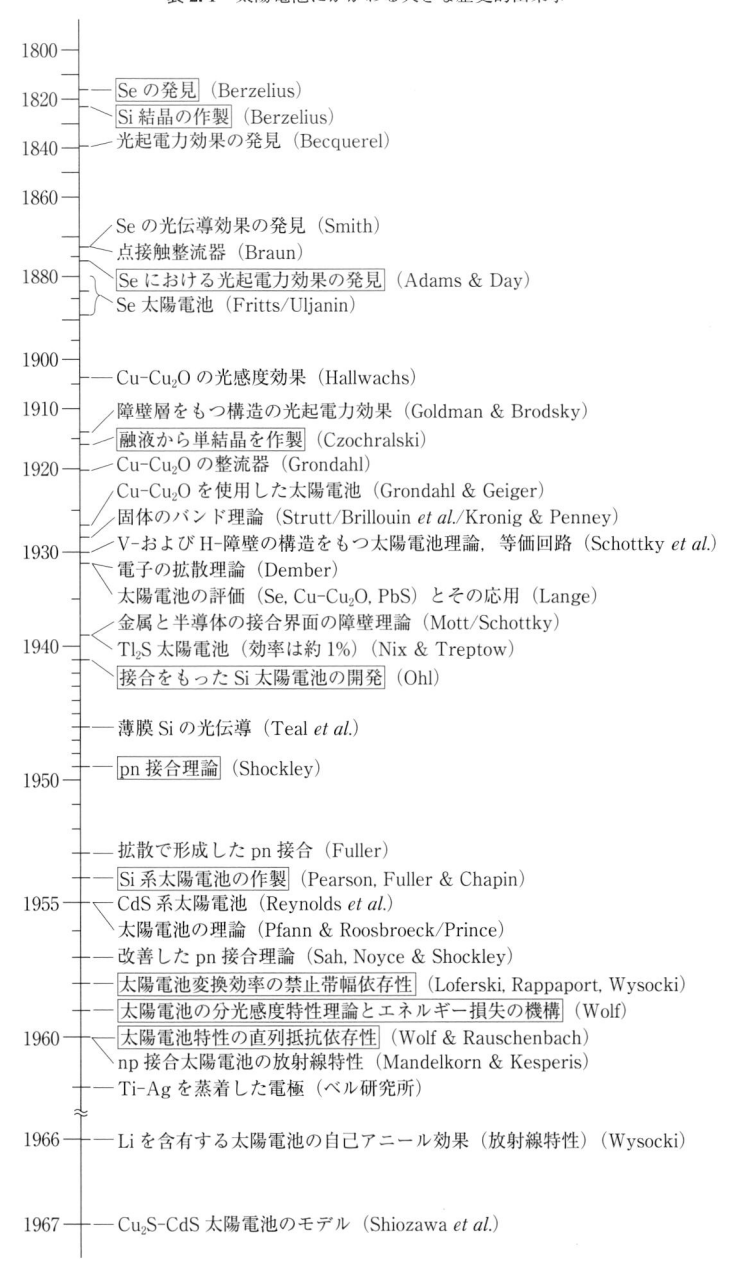

1800	
1820	Se の発見 (Berzelius)
	Si 結晶の作製 (Berzelius)
1840	光起電力効果の発見 (Becquerel)
1860	
	Se の光伝導効果の発見 (Smith)
	点接触整流器 (Braun)
1880	Se における光起電力効果の発見 (Adams & Day)
	Se 太陽電池 (Fritts/Uljanin)
1900	
	Cu-Cu_2O の光感度効果 (Hallwachs)
1910	障壁層をもつ構造の光起電力効果 (Goldman & Brodsky)
	融液から単結晶を作製 (Czochralski)
1920	Cu-Cu_2O の整流器 (Grondahl)
	Cu-Cu_2O を使用した太陽電池 (Grondahl & Geiger)
	固体のバンド理論 (Strutt/Brillouin et al./Kronig & Penney)
1930	V-および H-障壁の構造をもつ太陽電池理論,等価回路 (Schottky et al.)
	電子の拡散理論 (Dember)
	太陽電池の評価 (Se, Cu-Cu_2O, PbS) とその応用 (Lange)
	金属と半導体の接合界面の障壁理論 (Mott/Schottky)
1940	Tl_2S 太陽電池 (効率は約 1%) (Nix & Treptow)
	接合をもった Si 太陽電池の開発 (Ohl)
	薄膜 Si の光伝導 (Teal et al.)
1950	pn 接合理論 (Shockley)
	拡散で形成した pn 接合 (Fuller)
	Si 系太陽電池の作製 (Pearson, Fuller & Chapin)
1955	CdS 系太陽電池 (Reynolds et al.)
	太陽電池の理論 (Pfann & Roosbroeck/Prince)
	改善した pn 接合理論 (Sah, Noyce & Shockley)
	太陽電池変換効率の禁止帯幅依存性 (Loferski, Rappaport, Wysocki)
	太陽電池の分光感度特性理論とエネルギー損失の機構 (Wolf)
1960	太陽電池特性の直列抵抗依存性 (Wolf & Rauschenbach)
	np 接合太陽電池の放射線特性 (Mandelkorn & Kesperis)
	Ti-Ag を蒸着した電極 (ベル研究所)
1966	Li を含有する太陽電池の自己アニール効果 (放射線特性) (Wysocki)
1967	Cu_2S-CdS 太陽電池のモデル (Shiozawa et al.)

特にベル研究所（Bell Telephone Laboratory）のショックレー（Shockley）による半導体 pn 接合理論（1949 年）が有名である．1954 年，ベル研究所のチャピン（Chapin）らは**結晶 Si 系太陽電池**を発明した．彼らが発明した太陽電池が，現在，世界で主流になっている．参考まで，この歴史的論文について述べる．著者は D. M. Chapin, C. S. Fuller and G. L. Pearson，タイトルとジャーナルは "A New Silicon p-n Junction for Converting Solar Radiation into Electrical Power"（*Journal of Applied Physics*, Volume 25, pp. 676-677）で，わずか 2 ページである．

Chapin らが発明した太陽電池の変換効率は 6% であり，現在の基準では低いが，それまでの変換効率は 0.5% 程度だったので，活気的な出来事である．上記の論文が受理されたのが 1954 年 1 月 11 日である．この 7 カ月後の 8 月 12 日に，同研究所のプリンス（M. B. Prince）が Si 太陽電池の変換効率に関する理論的論文を投稿した．その後，米国では各種太陽電池の研究開発が活発になされ，1960 年代に至って，結晶 Si 系太陽電池の変換効率は 14～15% に達した．さらに，1967 年にシオザワ（L. Shiozawa）らが Cu_2S と CdS が接合した太陽電池を提唱した．この種の太陽電池は実用化には至らなかったが，2 種類の異質である材料を接合した太陽電池の源流でもある．現在，実用化されているタンデム接合太陽電池の原点である．なお，同氏はクリーブランドに Clevite 社を設立した経緯がある．

2.2　ベル研究所

現在の太陽電池の源流はベル研究所であるが，同研究所は 1930 年代から 1980 年代にかけて，太陽電池以外の半導体デバイスの研究でも一世を風靡した．同研究所はニュージャージー州マレーヒル（Murray Hill）にあった．筆者はベル研究所の論文を数多く読んだことがあるが，"Bell Telephone Laboratories, New Jersey, Murray Hill" という言葉が脳裏に残っている．もともと，ベル研究所は，1925 年，AT&T（American Telephone & Telegram）の独立事業として設立された．ベル研究所は 10 名程度のノーベル物理学賞受賞者を輩出した．1984 年，米国連邦政府が AT&T の分割を決定した．この組織変更により，ベル研究所は AT&T Bell Laboratories, Inc. に改称された．以下，太陽電池に関する同研究所の実績を述べる．

●**1954 年**：　1954 年，Chapin らは Si 系太陽電池を開発し発表した．ただし，彼らの発明は現在まで，ノーベル賞受賞の対象になっていない．

●**1946～1956 年**: バーディーン（J. Bardeen），ショックレー（W. Shockley），ブラッテン（W. H. Brattain）は半導体ゲルマニウム Ge を用いて共同研究した．特に，バーディーンは理論物理学者であり，表面物性に詳しかった．1946 年，彼らはトランジスタの発明に関する論文を発表し，1956 年に，ノーベル物理学賞を受賞した．

2.3　米国における人工衛星用太陽電池

　1960 年代，エレクトロニクス技術が進み，人工衛星用電源として太陽電池が注目された．米国では 1979 年頃まで，約 1000 個の人工衛星が打ち上げられ，太陽電池の信頼性が評価された．人工衛星用として，年間約 50 kW の太陽電池が製造された．一方，太陽電池は民生用としても徐々に注目され始め，1957～70 年にいくつかの企業が太陽電池の製造に取り組んだ．しかし，そうした企業は，数年で閉鎖した．その理由は石油会社の存在である．このような紆余曲折を経ながら，1974 年頃から太陽電池が民生用として本格的に注目され，1975 年の第 11 回太陽電池専門者会議には約 350 名の研究者が参加した．

　1970 年代，**図 2.1** に示すように，エネルギー省（DOE：Department of Energy）を頂点とする体制で太陽電池の研究開発が推進された．なお，同図の

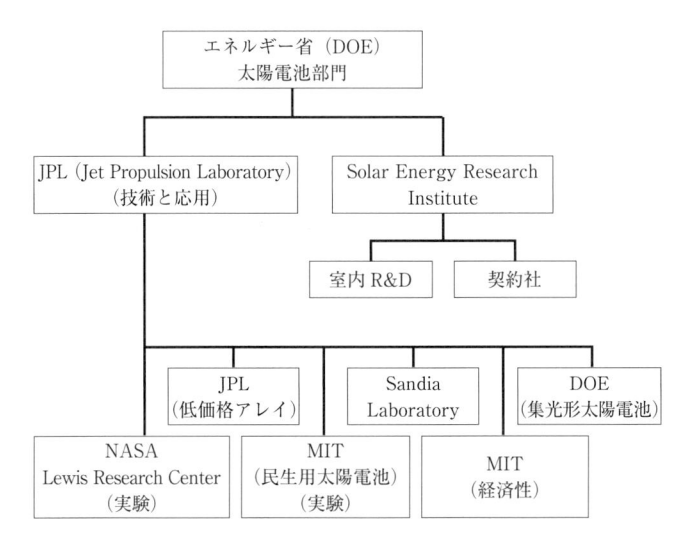

図 2.1　米国における太陽電池開発の組織（1970 年代の後半頃）

JPL は NASA 傘下の国立研究所であり，MIT はマサチューセッツ工科大学である．米国メーカが生産した太陽電池は主として政府が購入した．

2.4 化合物半導体 CdS 系太陽電池の発祥の地，オハイオ州クリーブランド

以上で述べた太陽電池は主として結晶 Si 系太陽電池であるが，化合物半導体である CdS 系太陽電池に注力した研究グループがあった．1954 年，クリーブランド（オハイオ州）にある米国空軍の研究グループが CdS 系太陽電池を初めて発表した．その頃，クリーブランドには Shiozawa が起こした Clevite 社という会社があり，1966～67 年頃，CdS 系太陽電池に関する重要な論文を発表した．Shiozawa は Cu_2S-CdS 太陽電池の「生みの親」ともいわれている．また，クリーブランドには NASA（Lewis Research Center）があり，CdS 系太陽電池の研究を進めていた．しかし，1974 年頃から石油危機の関係で，米国の景気が悪くなり，CdS 系太陽電池の開発は衰退した．現在，CuInGaSe 系太陽電池（略称：CIGS 太陽電池）が実用化されているが，この種の太陽電池の源流が CdS 系太陽電池である．

参考文献

1) M. Wolf : Historical Development of Solar Cells. *Proc. 25th Power Sources Symp.*, May 23-25, p. 120, 1972.

3
日本，EU，およびアジアにおける太陽電池開発動向

米国で生まれた太陽電池は日本に伝搬し，その後アジア諸国に伝搬した．本章では，伝搬状況について述べる．

3.1 代表的な日本の太陽電池メーカ

(1) シャープ株式会社

1959年頃，米国から日本へ太陽電池技術が伝搬した．日本でいち早く太陽電池に注目したのがシャープである．1963年，同社は結晶Si系太陽電池の量産化に成功した．さらに1960年代後半，同社は人工衛星用太陽電池の開発にも着手し，宇宙開発事業団（NASDA）（宇宙開発研究機構JAXAの前身）の認定を受け，国内で唯一の人工衛星用太陽電池メーカとなった．シャープの初期の太陽電池の応用は主として人工衛星や灯台などであった．

参考まで，日本における衛星メーカは三菱電機，東芝，NECである．シャープは1966年以降，現在まで1900以上の灯台に太陽電池を設置した．国内の灯台の太陽電池はすべてシャープ製といっても過言ではない．なお，シャープの初期の太陽電池には単結晶Si基板が使用されたが，最近は多結晶Si基板が使用されている．太陽電池が大衆に身近になったきっかけは，1976年頃の太陽電池を搭載した電卓である．

(2) 京セラ株式会社

1973年に第一次オイルショックが起こり，石油代替エネルギーの開発が課題となった．京セラの創業者である稲盛社長（当時）は「太陽エネルギーの利用を通じて，人々の幸せに貢献する」という理念から，1975年，太陽電池の研究開発に着手した．同社は開発当初から多結晶Si基板を用いている．このように，京セラは国内で初めて多結晶Si太陽電池の量産を行ったメーカである．

(3) 三洋電機株式会社と大阪大学

シャープや京セラと並んで，早くから太陽電池の研究開発に着手したのが三洋電機である．同社の太陽電池素材はシャープや京セラと異なりアモルファスシリコン（a-Si）太陽電池である．1980年，三洋電機は世界に先駆けて，アモルファスSi太陽電池の製品化に着手した．同社の桑野グループや大阪大学の濱川教授らはアモルファスSi太陽電池の開発に貢献した．もともとアモルファスSiは米国で開発されたが，光照射で劣化するという論文がStaeblerとWronskiによって発表された（1971年）．この劣化現象を**スタイブラー・ロンスキー効果**という．そのためNASAはアモルファスSi太陽電池の開発に着手しなかった経緯がある．このように「負」と思われる「効果」にもかかわらず，三洋電機や濱川教授らはアモルファスSi太陽電池を製品化した．ここに日本の「もの作り」の精神をみることができる．

アモルファスSi太陽電池の製造には高度な装置と各種半導体ガスを用いた高度の薄膜技術が必要である．シリコン基板が世界的に不足する可能性があるため，現在，新型太陽電池として微結晶薄膜太陽電池が注目されているが，これにはアモルファスSi太陽電池技術が利用されている．

現在，国内外で環境問題が大きな話題になっているが，1970〜80年の頃は，環境に関する企業や国民の意識は乏しかった．その意味で，シャープ，三洋電機，京セラの経営思想には学ぶべきものがある．

(4) エネルギー・ペイバック・タイム

太陽電池用語に**エネルギー・ペイバック・タイム**（EPT）がある．これは太陽電池の製造に要した電力を太陽電池からの出力で回収する「時間」をいう．以前は，EPTにこだわり，太陽電池の開発をためらったメーカもある．現在のアモルファスSi太陽電池の場合，EPTは約2年といわれている．なお，太陽電地には「電力」以外に「緊急事態での電力源」「無電化地域での電力源」などの役割もある．世界中で，送電系統が完備している国はむしろ少なく，完備していない国が圧倒的に多い．太陽電池はこうした人々の生活水準の向上にも役立つ．

(5) 世界で製造する太陽電池が占める面積

日本だけでなく全世界で製造される太陽電池の電力出力に関しては後述するが，どの程度の面積を占めるかをあらかじめ知っておくと便利である．

(i) **100 GW に相当する太陽電池の面積**

後述するが，2015 年の世界の太陽電池需要は 30 GW 程度と予測されている．参考まで，100 GW（$=10^{11}$ W）の太陽電池が占める面積を求める．まず，太陽電池モジュールの変換効率を 10% と仮定する．地表の面積 1 m^2 に照射する太陽光エネルギーは約 1 kW であるから，面積 1 m^2 の太陽電池モジュールの出力は約 100 W となる．出力 10^{11} W の太陽電池の占める面積は 10^9 m^2（$=10^3$ km^2）と計算される．東京都の面積は約 2187 km^2 であるから，100 GW に相当する太陽電池の面積は東京都の半分程度である．

(ii) **480 MW に相当する太陽電池の面積**

後述するが，2009 年の国内出荷量は約 480 MW である．480 MW の太陽電池が占める面積の概算を求める．単純計算として，1 m^2 あたりの出力を 0.1 kW と仮定すると，480 MW の太陽電池が占める面積は約 4800000 m^2 となる．これは約 2.2 km×2.2 km の面積に相当する．

(6) **各メーカが開発した太陽電池**

上述したメーカに続いて，カネカ，昭和シェルソーラー，ホンダソルテック，三菱重工業，三菱電機なども太陽電池の開発に参入した．現在，これらの企業は独自の太陽電池を開発しつつある．各社の開発状況の要点を**表 3.1** に示す．

図 3.1 に 2006 年における日本の主要メーカの太陽電池生産量を示し，国内メーカの合計出荷量の年次推移を**図 3.2** に示す．図 3.2 からわかるように，1999 年の累計出荷量は約 80 MW であったが 2009 年には約 480 MW に増加した．一般

表 3.1　各社による太陽電池開発状況

メーカ	種類
シャープ	従来は結晶シリコン太陽電池が主力であり，性能は世界最高水準である．最近，薄膜太陽電池にシフトしつつあり，2010 年度に高効率薄膜太陽電池の量産化を目指した．
三洋電機	開発初期の頃はアモルファスシリコン太陽電池が中心であったが，その後，HIT 薄膜太陽電池が主力となる．なお，HIT は構造に関する用語である．
京セラ	最初から，多結晶シリコン系太陽電池が中心である．
三菱電機	多結晶シリコン系太陽電池が主力商品．2010 年の変換効率は 19.3% と高い．
カネカ	薄膜太陽電池である色素増感太陽電池の主力メーカ．
昭和シェルソーラー	CuInGaSe 系薄膜太陽電池のメーカ．
ホンダソルテック	CuInGaSe 系薄膜太陽電池のメーカ．
三菱重工業	結晶シリコン系太陽電池およびアモルファスシリコン系太陽電池を製造．

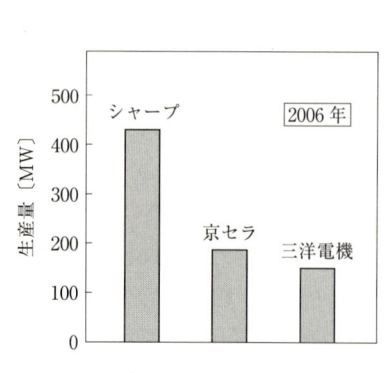

図3.1 2006 年における国内メーカのシェア

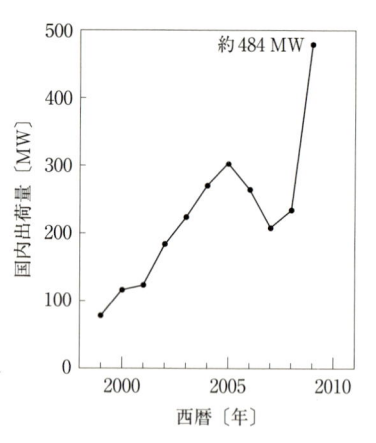

図3.2 日本国内メーカの太陽電池出荷量
(資料：太陽光発電協会調べ)

家庭1戸あたりの消費電力を約 4 kW と仮定すると，これは約 12 万戸に相当する．なお，図 3.2 で，2006〜08 年の出荷量が減少しているが，これは太陽光発電システムの設置に対する補助金が，2005 年に一時的に打ち切られたためである．2009 年 1 月には環境対応と景気刺激の両立を狙って補助が復活したため，前年に比べ約 2.3 倍に増えた．なお，補助には政府からの補助のほか，地方自治体からの補助もある．例えば，200 万円以上の設置費用の場合，個人負担は 5〜7 割程度になる．さらに，2009 年 11 月には住宅で発電した余剰の電力を通常の 2 倍の価格で電力会社へ売電できる制度が発足した．これはドイツなどが先行したFIT (feed-in tariff) 制度である．2009 年の大幅な増加はこのような政策による．

3.2 EU における太陽電池の開発動向

EU における太陽電池の普及に拍車をかけたのが，自然エネルギー利用に関するFIT の制定である．1990 年 12 月，ドイツは総電力の 40% を自然エネルギー源とする法律「FIT 制度」を制定した．ドイツの 40% に続いて，スペインは 30%，ポルトガルは 20% にする政策をとった．西欧では，こうした法律が追い風となって，太陽電池や風力発電が急速に普及した．例えば，2007 年頃まで，世界太陽電池市場 No.1 の実績を誇ったシャープが，わずかであるがドイツのQ-Cells 社に越されてしまったのである．さらに 2007 年単年のスペインでの太

陽電池需要は日本の数倍も大きい．

以上で述べた太陽電池はほとんど結晶 Si 系太陽電池であるため，2005 年頃からシリコン基板が世界的に不足する事態が起こった．ただし，こうした「不足」が起こった背景には「投機筋」があるともいわれている．1990 年頃から，温暖化問題や国際環境認証資格である ISO 14000 が普及し，環境意識は国内に広く浸透した．

3.3　日本メーカと海外メーカの生産量の比較

図 3.3 に国内外主要メーカの太陽電池生産量の年次推移を示す．なお，生産量は生産した太陽電池の出力である．ドイツのメーカである Q-Cells 社と中国のメーカである Suntech Power 社の成長が著しい．2006〜07 年における日本メーカの生産量が減少している原因の 1 つは，上記 3.1 節 (6) に記載した補助金の一時停止である．

図 3.4 に世界市場における日本メーカのシェアの年次推移を示す．2004 年には約 50% であったが，2007 年には約 20% と減少し，その後は徐々に減少している．次に，結晶 Si 系太陽電池と薄膜太陽電池の相対的年次推移を**図 3.5** に示す．同図からわかるように，当分は結晶 Si 系太陽電池が主流であるが，将来は，薄膜太陽電池が主流になる可能性があるが，いずれにしても耐久性が重要である．

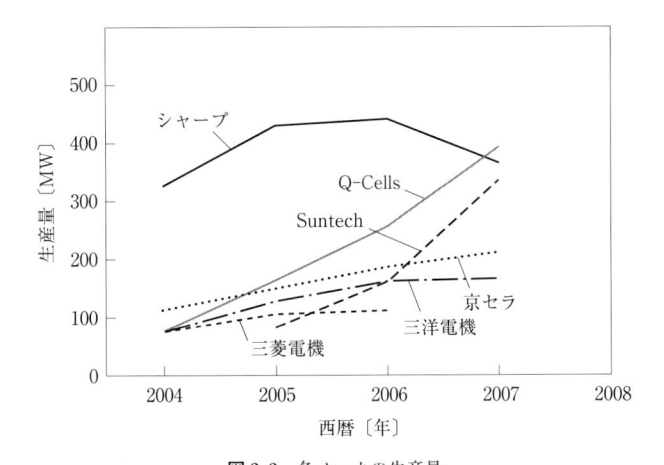

図 3.3　各メーカの生産量
(出典：NIKKEI MICRODEVICES, August, 2008, pp. 28-35 より)

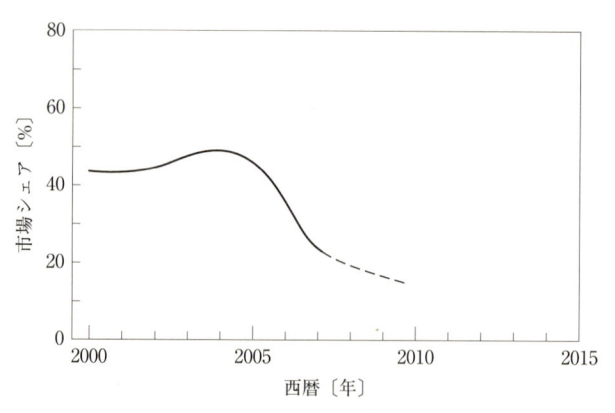

図 3.4 日本メーカの世界市場シェア
（出典：図 3.3 に同じ）

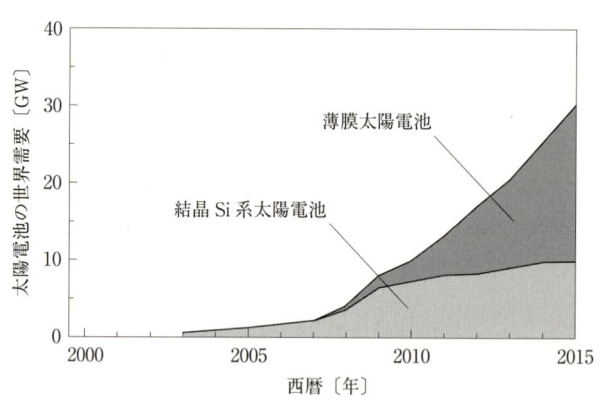

図 3.5 太陽電池の世界需要
（出典：図 3.3 に同じ）

3.4 将来動向

2007 年の世界の太陽電池需要は約 2500 MW（＝2.5 GW）であるが，2012 年には 15000 MW（＝15 GW）になると予想される．公的発表によれば，シャープはすでに薄膜太陽電池の量産技術を確立し，将来は EU などにいくつかの太陽電池工場を建設する計画があり，将来は全体の生産能力 6000 MW（＝6 GW）を目指している．この数値は 2008 年のシャープの太陽電池生産量の約 10 倍であり，

太陽電池産業の成長がいかに大きいかを物語っている．将来，シャープは結晶Si系太陽電池から薄膜太陽電池へシフトする可能性がある．

今後の海外動向として以下のようなことが予想される．まず，EUでは電力に関する法律により，電力の20～40%を自然エネルギーで代替する趨勢にある．そのため，EUでは今後，太陽電池の需要は持続的に成長すると予測される．一方，中国やアフリカでの急速な普及により，太陽電池主要マーケットはEU，中国，日本，米国，台湾，インドなど，世界に拡大すると考えられる．当分は結晶Si系太陽電池が市場を制するが，将来は結晶Si系太陽電池と薄膜太陽電池が共存すると考えられる．

3.5 太陽電池製造ライン（ターンキーソリューション）メーカの台頭

太陽電池そのものは製造しないが，太陽電池製造ラインを開発しているメーカがある．このような製造ラインを**ターンキーソリューション**（turn key solution）という．ターンキー陣営の大手3社として，アルバック，米国のAMAT（Applied Materials, Inc.），スイスのOC Oerlikon Balzers Ltd. があげられる．ターンキーソリューションの強みは，生産規模とスピードにある．契約締結から1年数カ月で，量産を開始した事例もある．以下に，代表的ターンキーメーカの概要を述べる．

(1) アルバック

アルバックは他社に比べて，比較的早く薄膜太陽電池製造のターンキー事業を立ち上げた．2007年以降，台湾メーカ（NexPower Technology Corp., Sunner Solar Corp. など），中国メーカ（China Solar Power (Holdings) Ltd. など），韓国メーカなどと契約した．その後，欧州，インド，中東などへも市場を拡大している．台湾のNexPower社は2008年6月，アモルファスSi太陽電池の量産を開始した．現在のモジュール変換効率は約6.5%であるが，2014年には生産能力1GWを計画している．

(2) **AMAT**

AMAT（Applied Materials, Inc.）のターンキー装置を用いると，$2.2\,\mathrm{m} \times 2.6\,\mathrm{m}$（$=$約$5.7\,\mathrm{m}^2$）程度の大面積アモルファスSi太陽電池が製造できる．同社の製造ラインで製造したアモルファスSi太陽電池の変換効率は，現在，約6.5%である．

2007年に，AMATにスペイン，インド，ドイツ，米国，台湾，中国，シンガポールなど7社程度から需要があった．2007年に契約したインドのMoser Baer Photovoltaic Ltd. は2008年にアモルファスSi太陽電池の量産を開始した．同社の計画によれば，2010年の生産量は605 MWであり，さらに，その後の変換効率8.5%を目指している．

3.6 アジアにおける新エネルギー産業動向－台湾，中国，韓国，その他－

2000年頃から，中国や台湾の太陽電池メーカが急速に躍進した．まず，中国の歴史的背景について述べる．中国は1993年「社会主義市場経済」を憲法に明記．2001年に世界貿易機関（WTO）に正式に加盟し，アジアでの自由貿易協定（FTA：Free Trade Agreement）が広がった．1980年代から90年代にかけ，中国に進出した日本企業は実に多い．

次に中国系オーストラリア人のZhengrong Shiはオーストラリアの大学で，太陽電池に関する博士号を取得し，2001年に，Suntech Power社を設立した．同社は急速に成長し，現在世界最大手太陽電池メーカを目指している．同社は2006年，太陽電池モジュールの有力メーカである日本（長野県佐久市）のエム・エス・ケイ社（MSK）を買収した．2008年の時点で，中国にはSi太陽電池モジュールメーカが30社もある．ただし，太陽電池モジュール市場を握っているのは大手5社程度である．

1990年代後半，台湾と韓国にも大きな変化がみられた．台湾と韓国のDRAMなどのメーカが太陽電池事業に乗り出したのである．IC産業は競争が厳しく，新製品の価格は短期間で下落する傾向にあるため，台湾は太陽電池事業に乗り出した．この結果，2008年頃まで，台湾には結晶Si系太陽電池メーカが約16社も設立された．図3.6に台湾の某メーカの工場のレイアウトの一部を示す．太陽

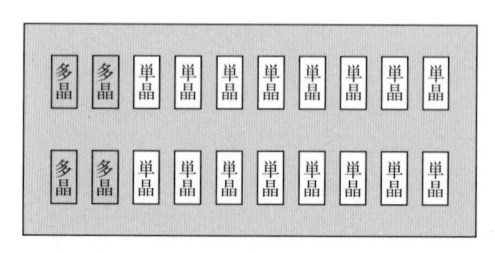

図3.6 台湾の某メーカの工場レイアウトの一部

電池用の基板となる多結晶シリコン結晶の製造装置は4台あり，単結晶シリコン結晶の製造装置は16台もある．このように，太陽電池基板の製造装置は台湾で急速に拡大しつつある．さらに，太陽電池の製造に関しては，3.5節で述べたターンキー製造ラインを2007年頃から導入し，薄膜太陽電池の製造が容易になった．

3.7 アジアにおける新エネルギー産業政策

太陽電池はじめLEDなど，新エネルギー産業が世界的に注目されている．特にアジア諸国は，これらの産業を政策として強化している．日本の新エネルギー産業はアジア諸国に遅れつつある．

(1) アジアにおける展示会場の面積

2000年頃まで，日本は世界の太陽電池産業を率いてきた．しかし，その後，欧米諸国だけでなく，中国・台湾・韓国なども，新エネルギー産業を重要政策とみなし，強化している．新エネルギー技術に対する各国の熱意は，展示会場の広さに反映されよう．世界における展示会場の面積の序列について述べる．日本で最大の展示会場は東京ビッグサイトであり，展示会場の面積は約8万m^2である．東京ビッグサイトに次いで大きい国内展示場は幕張メッセであり，その面積は約7万m^2である．これら2つの会場の面積の合計は15万m^2である．中国の展示会場の合計は78万m^2となり，ビッグサイトと幕張メッセ合計の約5倍である．最近は，インドやタイも，太陽電池が国策になりつつある．タイで最も広い展示会場の面積は14万m^2で，東京ビッグサイトの約1.8倍である．

3.8 台湾，韓国，中国におけるLED照明産業と政策

(1) 台湾，韓国，中国におけるLED照明の産業

LED（発光ダイオード）は消費電力が少ないため，次世代照明灯として注目されている．従来の蛍光灯と同じ程度の明るさのLEDの消費電力は典型的に5分の1である．LEDは太陽電池と同様にpn接合を有する．LEDの端子に外部から電流を流すと発光する．このように，LEDは太陽電池と反対の機能をもつデバイスである．LEDや太陽電池などの半導体デバイスを製造する有力な装置に有機金属気相成長装置（MOCVD装置；metal-organic chemical vapor deposition）がある．これは，有機金属というガスを流して薄膜を成長する装置

である.詳細に関しては,『新エネルギー技術』(菅原和士著)を参照されたい.

1980年代,日本のMOCVDの製造技術と成長技術は世界トップレベルであったが,最近,諸外国に遅れをとりつつある.その事例を述べる.MOCVD装置は高価で一式(本体+除害装置)が2億円程度である.日本の企業では,MOCVD装置を購入するとき,性能を念入りに吟味し,社長決済で購入する.日本の企業では,決定・導入のプロセスが長いうえに,購入台数は1台か2台である.一方,韓国,中国,台湾は日本と異なり決断が早く,しかも購入する数量が多い.例えば,韓国の某メーカは一度に200台も購入した例がある.このような思い切った行動の背景には「21世紀は新エネルギーの世紀である」という国家戦略があるからである.中国と台湾では,MOCVD装置の購入を政府が支援している.韓国や台湾には,MOCVD装置を大量に買い,多くのMOCVD専門技術者を養成し,LED照明灯で世界を圧巻する「国策」を感じる.このように,新エネルギー政策において,日本とアジア諸国(韓国,中国,台湾)との違いを感じる.

(2) 台湾と韓国の政策

現在,台湾のLED生産量は世界第2位である.台湾政府はLEDをグリーン産業の1つと位置づけて重要視している.台湾全土の信号機と街灯をすべて,LEDに切り替える政策である.工業技術研究院,関連メーカ,大学が協力して戦略を推進している.台湾の目標は2015年まで,世界におけるシェア23%を目指している.韓国もLED産業を強化している.図3.7は韓国メーカのLED街灯である.

図3.7 韓国メーカのLED街灯(提供:KMW社(韓国))

4
太陽光のスペクトル，ソーラーシミュレータ，分光器

太陽電池の出力特性などを評価するには，太陽光と類似のスペクトルをもつソーラーシミュレータを用いて室内で測定する．本章では太陽光，ソーラーシミュレータ，および分光器など光学に関する基本的な事項を述べる．

4.1 光 の 粒 子 性

光は**図 4.1**(a)に示すように電磁波の一種である．電磁波は重量をもたず，真空中や空中を光の速度 c で伝搬し，その速さは 3×10^8 m/s である．ここで s は単位〔秒（sec）〕である．一般に電磁波の波長を λ で表し，振動数（あるいは周波数）を ν で表す．これらの物理量には次の関係がある．

$$c = \nu \lambda \tag{4.1}$$

量子力学では，図 4.1(b) に示すように光をエネルギーをもつ粒子とみなす．このような粒子を**光子**（フォトン）という．携帯電話，テレビ，X 線撮影などは電磁波の伝搬を利用しているが，それぞれの波長が異なる．振動数 ν の光子は次式で与えられるエネルギー E をもつ．

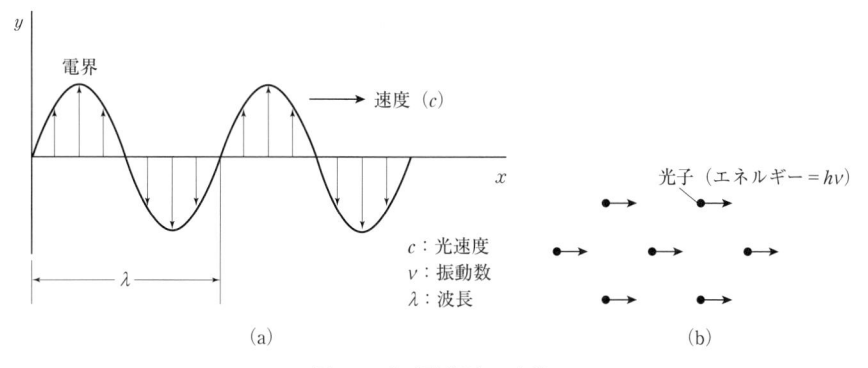

図 4.1 光（電磁波）の伝搬

$$E = h\nu \tag{4.2}$$

ここでhはプランクの定数である．比較のため,各種電磁波の光子のエネルギーなどの典型例を**表4.1**に記載した．なお，表に記載した各電磁波の波長は，代表的な値である．表中のfは接頭語フェムトで10^{-15}を表し，pはピコで10^{-12}を表す．

もともと，光を粒子とみなす概念はアインシュタイン（A. Einstein）が提唱したもので，**光量子仮説**として知られている．Einstein は下記に述べる**光電効果**を発見したが，この現象は光量子仮説で説明できる．光電効果とは，**図4.2**(a)に示すようにアルカリ金属などに光を照射すると，金属から電子が放出する現象をいう．放出した電子を**光電子**という．この実験から，光量子仮説が確証されたのである．なお，太陽電池の場合，光子が太陽電池の内部に浸透するが，太陽電池の表面から電子が大気中に放出されることはないので注意されたい．太陽電池

表4.1 各種電磁波の特性

電磁波の種類	波長 λ	周波数〔ヘルツ：Hz〕 ν	光子のエネルギー E
ガンマ線	50 fm	6×19^{21}	25 MeV
X 線	50 pm	6×10^{18}	25 keV
紫外線	100 nm	3×10^{15}	12 eV
可視光	550 nm	5×10^{14}	2 eV
赤外線	10 μm	3×10^{13}	120 meV
マイクロ波	1 cm	3×10^{10}	120 μeV
ラジオ波	1 km	3×10^{5}	1.2 neV

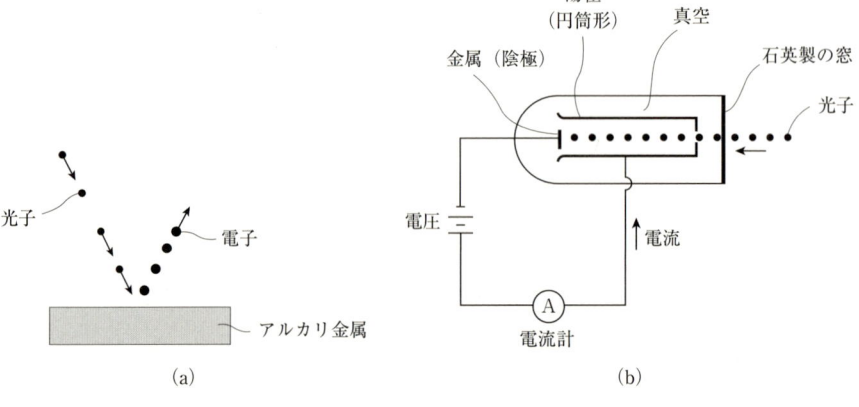

図4.2 光電効果

に入射した太陽光は，価電子帯などにある電子を伝導帯へ励起するのである．アインシュタインの光電効果を**外部光電効果**といい，半導体内部の電子の励起を**内部光電効果**ということもある．なお，Einstein は特殊相対性理論や一般相対性理論で知られているが，ノーベル賞を受賞した（1921年）のは，これらの理論ではなく光電効果の発見による．

4.2 太陽光のスペクトル

(1) Thekaekara による研究成果

太陽光のスペクトルは 5900 K の物体から放射される光のスペクトルと似ている．太陽光の可視光線には波長が異なる 7 色（紫，藍，青，緑，黄，橙，赤）がある．図 **4.3** に太陽光の**分光放射照度分布**（別名**エネルギースペクトル**）を示す．Thekaekara（インド出身の科学者．読み方はゼ・カイ・カラー（the kae kara）を早口で読むのとほぼ同じ）はこの種の研究を最初に行った1人であり，1974年に論文を発表した．彼の論文の要点を述べる．まず，波長の単位を μm とする．次に，波長 λ の点に狭い波長幅 $\Delta\lambda$ を考える．その幅における太陽光エネルギーの平均を E_λ とする．E_λ は単位面積，単位波長あたりのエネルギーであり，単位は W m^{-2} μm^{-1} である．赤道上空の大気圏外で地球に垂直に入射する太陽光

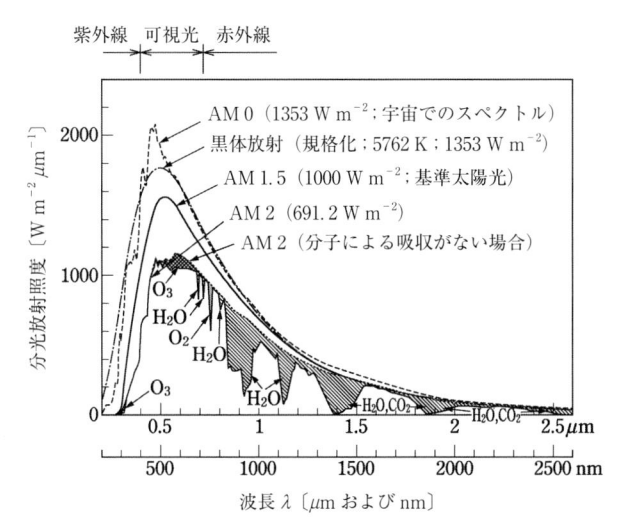

図 **4.3** 太陽光の分光放射照度

表 4.2 Loferski の研究成果[2]

m	W	場所	Φ〔W/cm²〕	E_{av}〔eV〕	N_{ph}〔個/s cm²〕
0	0	宇宙	0.135	1.48	5.8×10^{17}
1	0	赤道直下の海面	0.106	1.32	5×10^{17}
2	0	天頂角 60°の海面	0.088	1.28	4.3×10^{17}
3	0	天頂角 70.5°の海面	0.075	1.21	3.9×10^{17}

のエネルギーは 1 m² あたり約 1353 W であり，この値を**太陽定数**という．なお，この値は最近の精細な測定では約 1361 W m^{-2} である．初期の太陽光の分光放射照度分布はこのようにして得られた．最近は波長の単位として μm ではなく nm を使用することがある．なお，太陽定数の概算を覚えておくと便利である．

上記に記した単位〔W m^{-2} μm^{-1}〕を〔W m^{-2} nm^{-1}〕に換算するには 1 μm = 10^3 nm の関係式を用いれば容易に求まる．例えば，図 4.3 で，AM 1.5 の最大エネルギーは約 1500 W m^{-2} μm^{-1} であるが，これを nm 単位に変換すると 1.5 W m^{-2} nm^{-1} となる．

(2) Loferski による研究成果

太陽光のエネルギーが測定地や測定条件によって異なることを詳細に研究したのがロファースキー (Loferski) である．彼は測定地と測定条件をパラメータ m と W で識別した．これらはメートル〔m〕やワット〔W〕と異なるので注意されたい．**表 4.2** に Loferski の研究成果の一部を記載する．表 4.2 で，Φ は単位面積あたりの太陽光エネルギーで，N_{ph} は単位時間に単位面積に照射する光子の数である．E_{av} は入射する光子群の平均エネルギーである．

(3) 太陽光スペクトルの詳細な説明

太陽電池の出力に寄与する波長帯の詳細については 4.8 節で詳しく述べるが，半導体の禁止帯幅の大きさに依存する．結晶 Si 系太陽電池の場合，約 380～1120 nm の光が太陽電池の出力に寄与する．図 4.3 に記した "**AM**" はエアマス (air mass) の略語であるが，その定義の詳細は 4.5 節で述べる．AM 0 は宇宙空間におけるスペクトルであり，AM 1.5 および AM 2 は地上でのスペクトルである．

次に，どの波長帯の太陽光が電気出力に寄与するかを述べる．半導体シリコンの禁止帯の大きさは約 1.2 eV であるが，式 (4.2) を用いると，この幅に対応する波長が求まる．計算の詳細は省略するが，結果として約 1.1 μm (1100 nm) となる．図 4.3 で，波長が約 10～400 nm の光を**紫外線**というが，これは太陽電池

の出力にほとんど寄与しない．参考まで，太陽電池モジュールの紫外線劣化について述べる．太陽電池モジュールの表面には**カバーガラス（フロントガラスともいう）**がある．ガラスの種類は**白板強化ガラス**で，波長約 270 nm 以下の紫外線をほとんど透過させない．このように，カバーガラスは，その下に積層されている高分子物質や太陽電池の紫外線による劣化を抑制している．図 4.3 で，波長が約 780 nm (= 0.78 μm) 以上の光を**赤外線**といい，2.5～1000 μm の光を遠赤外線という．さらに長い波長の電磁波を**マイクロ波**という．これらの光も太陽電池の出力にほとんど寄与しない．波長が長い赤外線などは太陽電池の内部まで深く浸透する．浸透した赤外線は結晶中の分子運動を活発にするので，太陽電池の温度が上昇する．このため，赤外線や遠赤外線は太陽電池モジュールを加熱し，太陽電池の出力を低下させる．真夏には太陽電池は 50℃ にも達する．人工衛星用太陽電池の表面は 80℃ にも達する．

4.3 太陽から放射されるもの

太陽から放射されるのは太陽光だけではなく，電荷をもつ**高速電子線**や**陽子（プロトン）**も放射される．太陽は核融合反応を起こしているため，数 MeV の電子やプロトンを放射する．これらは放射線と呼ばれる．これらの放射線は宇宙に多いが，地上にはほとんど到達しない．その理由は 2 つある．1 つは，大気圏にある空気である．高速電子線や陽子（プロトン）は空気中の分子と衝突し，エネルギーを失う．なお，宇宙からはガンマ線も飛んでくるが，強度は電子線や陽子に比べて小さい．

電子は負の電荷をもち，陽子は水素原子の核であり正電荷をもつ．地球へ飛翔してきた電子線やプロトンは，電荷をもっているため地球の磁界により進行方向に直角の方向に力(**ローレンツの力**)を受ける．その力で飛翔粒子の軌道が曲がり，地球への照射が抑制される．地上約 3 万 km の宇宙では磁界がないため，電子線やプロトンは衛星に強く照射する．宇宙用太陽電池の表面には厚さ 50 μm 程度のカバーガラスがある．プロトンは電子の約 1800 倍の質量があるため，カバーガラスでほぼ吸収されるが，電子線は吸収されない．太陽電池の内部に浸透した電子線は結晶欠陥を引きおこすので，太陽電池が劣化する．一般に，人工衛星の太陽電池の寿命は軌道にもよるが，約 10 年である．

4.4 大気について

大気圏は大気がある**対流圏**や**成層圏**などに区分される．対流圏は地球の表面（0 km）から約 9～17 km までの層であり，その上空が成層圏で地上から約 50 km に及ぶ．よく話題になるオゾン層は成層圏にある．対流圏は地球の直径（約 12740 km）に比べ，非常に薄い．図 4.3 に示したように，宇宙空間での太陽光スペクトル（AM 0）には，特定波長帯に吸収がないが，地上での太陽光スペクトル（AM 1.5 や AM 2）では，特定の波長帯にスパイク状の吸収がある．このような吸収は大気中の気体分子の運動に起因する．大気には窒素（78%），酸素（21%），二酸化炭素（0.038%），水蒸気などが含まれている．これらの分子は図 4.4 に示すように，熱運動している．熱運動には原子間距離が時間とともに変化する**分子振動**と分子が回転する**回転運動**がある．一般に，分子振動は可視光線や赤外線を吸収し，回転運動はより波長が長いマイクロ波帯の光を吸収する．図 4.3 に示したスペクトルで，特定の波長帯の吸収はオゾン O_3，二酸化炭素 CO_2，水分子 H_2O などの分子振動によって起こる．

振動している分子に太陽光が照射すると，**共鳴吸収**という現象により光が吸収される．ちなみに，オゾンは紫外線を吸収する．近年，環境変化によりオゾン濃度が減少した**オゾンホール**が発生し，地上での紫外線強度が大きくなり問題になっている．

4.5 太陽光の分光放射強度とエアマス

(1) エアマス

4.2 節で述べたように，太陽光の放射照度分布（エネルギースペクトル）を表すのにエアマス（AM：air mass）という用語を用いる．air mass を直訳すると

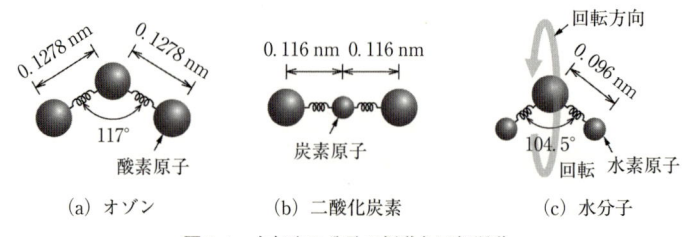

図 4.4 大気中の分子の振動と回転運動

4.5 太陽光の分光放射強度とエアマス

「空気質量」となるが,空気質量とはいわず「エアマス」という.以下,エアマスの物理的意味を述べる.まず,宇宙での太陽光エネルギースペクトルをAM 0と定義する.その照射強度は約 $1.361\,\mathrm{kW/m^2}$ であり,この値を**太陽定数**という.次に,太陽光が地表(赤道上の海抜0m)に垂直に照射したときの照射分布を**AM 1**と定義する.この条件での強度は約 $1\,\mathrm{kW/m^2}$ である.この値を1 sunと呼ぶことがある.AM 1はAM 0に比べ照射強度が幾分小さい.太陽光が大気圏に垂直に入射したとき,透過した距離を1と定義する.任意の地点でのAM値は**図 4.5**(a)に示したように,傾斜角 θ を用いて次のように定義される.

$$\mathrm{AM} = 1/\sin\theta \tag{4.3}$$

図 4.5(b)からわかるように,緯度が大きくなると透過距離が大きくなる.透過距離が1.5倍および2倍になる地点での照射分布をそれぞれAM 1.5およびAM 2と定義する.AMは重要な量であるため,代表的な値を以下にまとめる.

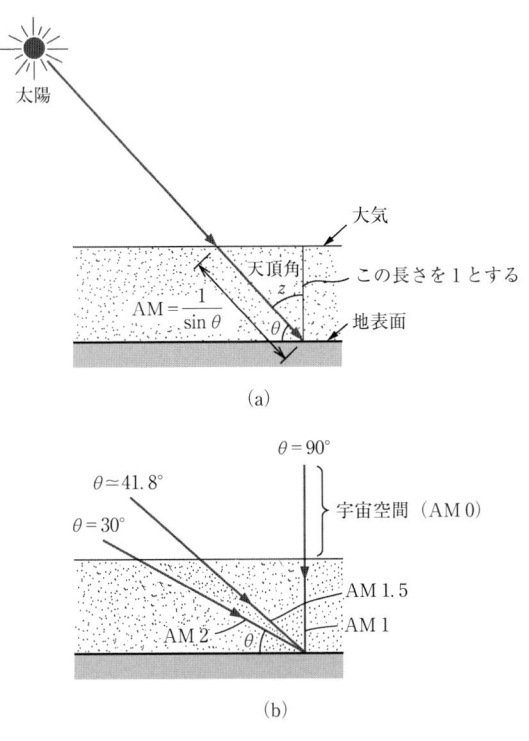

図 4.5 エアマスの説明図

- AM 0： 宇宙空間での照射エネルギーで $1.361\,\mathrm{kW/m^2}$（太陽定数）．
- AM 1： 赤道上への垂直日射で約 $1\,\mathrm{kW/m^2}$．天頂角 $0°$，海抜 $0\,\mathrm{m}$．
- AM 1.5：傾斜角 θ が約 $42°$（天頂角 $48°$）．光強度は特に定めていない．
  参考まで，夏至のとき，東京における南中時の AM は約 1.02 で，光強度は約 $1\,\mathrm{kW/m^2}$ に近い．春分・秋分のときは約 1.22，冬至のときは約 1.94．日本では，太陽電池モジュールの出力仕様は一般に AM 1.5 で測定される．モジュール特性を測定する**基準状態**や**標準状態**に関しては第 14 章で述べる．
- AM 2： 傾斜角 θ が $30°$（天頂角 $60°$）．約 $0.75\,\mathrm{kW/m^2}$．

4.6　ソーラーシミュレータと分光感度特性

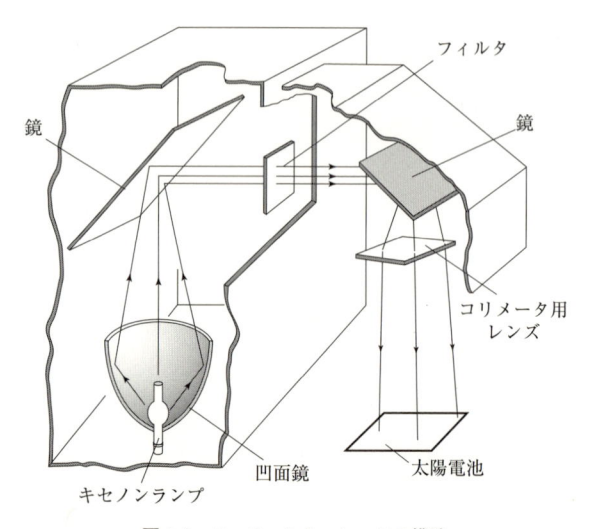

(1)　一光源形ソーラーシミュレータ

ソーラーシミュレータの構造例を**図 4.6** に示す．光源には**キセノンランプ**が使用され，5900 K の色温度をもつ．キセノンランプの構造を**図 4.7** に示す．同図に示したプラスとマイナスの電極に高電圧を印加すると放電を起こして発光する．キセノンランプから発光するスペクトルには，**図 4.8** に示すように波長 800〜1000 nm にスパイク状のスペクトルがあるが，これらは特殊な光学フィルタを

図 4.6　ソーラーシミュレータの構造

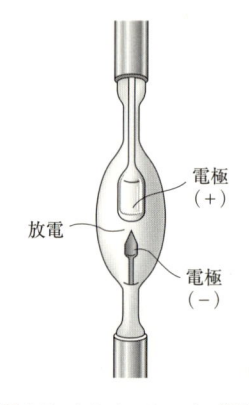

図 4.7　キセノンランプの構造

4.6 ソーラーシミュレータと分光感度特性

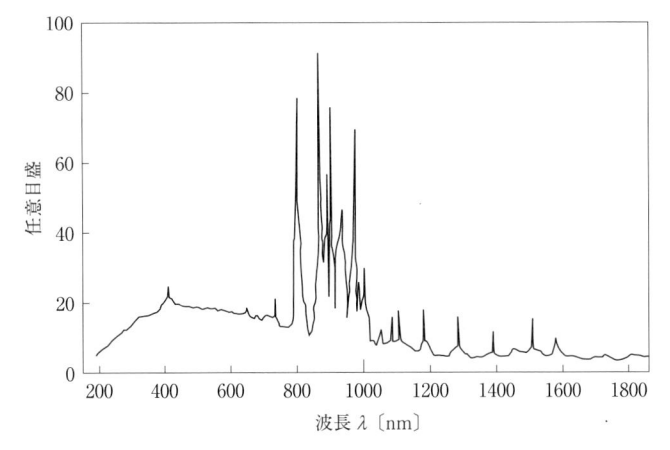

図 4.8 キセノンランプの照射スペクトル

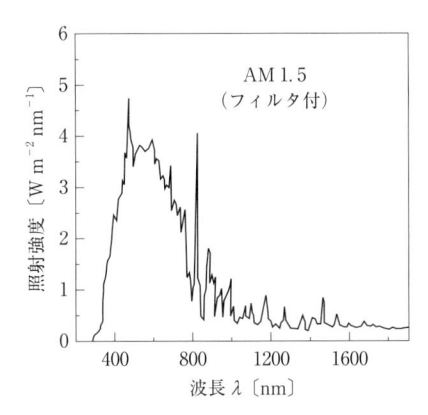

図 4.9 フィルタを使用したソーラーシミュレータのスペクトル

用いて除去される．ソーラーシミュレータでは，フィルタは図 4.6 に示したように設置されている．いくつかのフィルタを用いると，AM 0 や AM 1.5 に近い照射スペクトルが得られる．

フィルタ透過直後のスペクトル（AM 1.5）例を**図 4.9** に示す．太陽電池を設置する照射面での照射強度は，照射面の高さ（位置）を調整することによって変えることができる．スペクトルは機種によって幾分異なる．AM 0 と AM 1.5 の違いをわかりやすく描いたのが**図 4.10** である．なお，キセノンランプの寿命は 1000 時間程度である．

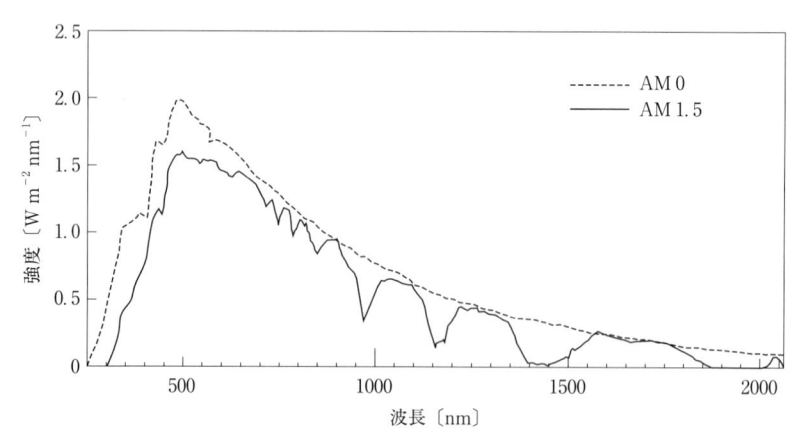

図 4.10 ソーラーシミュレータのスペクトル（AM 0 と AM 1.5 との比較）

(2) 二光源形ソーラーシミュレータと集光形ソーラーシミュレータ

以上で述べたソーラーシミュレータの光源の数は一光源で，出力1kW程度のものが市販されている．さらに太陽光スペクトルに近づけるため二光源形ソーラーシミュレータが開発されている．例えば，下記のようにキセノンランプとハロゲンランプを組み合わせたソーラーシミュレータがある．AM 0 や AM 1.5 を得るには，特殊なフィルタを用いる．なお，太陽光を集光したソーラーシミュレータもある．

《二光源形ソーラーシミュレータの仕様例》

波長範囲：300〜1700 nm

光　　源：キセノンランプ（500 W）　　　　300〜 430 nm
　　　　　ハロゲンランプ（400 W）　　　　430〜1700 nm
　　　　　キセノンランプ＋ハロゲンランプ　300〜1700 nm

フィルタ：AM 1.5

ワット数：1000 W

照射面積：20 cm×20 cm

(3) ソーラーシミュレータに関する JIS 規格

ソーラーシミュレータには日本工業規格（JIS 規格）がある．照射強度の校正には，絶対値が検定されたSiフォトダイオードが使用される．校正機関はJQA（日本品質保証機構）である．校正に使用する光源はArレーザで，波長514.5 nm，

4.7 分光器と分光感度の種類

表 4.3 ソーラーシミュレータに関する JIS 規格（JIS C8912, C8933）

JIS 等級	等級 A	等級 B	等級 C
スペクトル合致度	0.75〜1.25%	0.6〜1.4%	0.4〜2.0%
照射照度の場所むら	±2% 以下	±3% 以下	±10% 以下
照射照度の時間変動率	±1% 以下	±3% 以下	±10% 以下

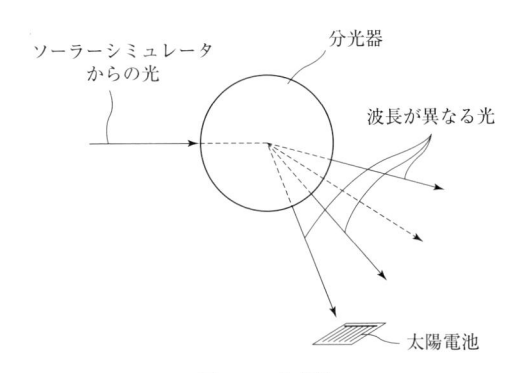

図 4.11 分光器

精度 ±0.3% である．JIS 規格を表 4.3 に示すが，ソーラーシミュレータと太陽光スペクトルとの合致度は規格により多少異なる．

(4) 太陽電池モジュールの出力特性

太陽電池モジュールの出力特性を測定するには，モジュールを固定し，太陽光と類似の光を照射して特性を測定する．照射面積を広くし，光源はできるだけ太陽光スペクトルに近いのが望ましい．なお，測定時の光の照射時間は数秒程度のものがあり瞬時に行うことができる．

4.7 分光器と分光感度の種類

(1) 分光器とは

図 4.11 に示すように，例えばソーラーシミュレータからの光をある装置に入れた場合，波長ごとに分ける装置を**分光器**という．分光器には，自ら光源を内蔵し，波長が異なる光に分けて放射するものもある．分光器にはいろいろの種類があるが，太陽電池用としては，波長 380〜1200 nm の範囲の光を放射するものが多い．分光器から放射された光を太陽電池に照射し，電気出力の波長依存性を測定する

ことができる．このような特性を**分光感度特性**という．この種の特性は太陽電池の評価に重要である．

(2) 分光感度特性
分光感度特性には下記に述べるようなものがある．
(i) 従来の分光感度特性
波長 λ をもった入射光のエネルギーを E_λ〔W〕とし，この光を太陽電池に照射したときの出力電流を I_λ〔A〕とする．従来の分光感度特性では，I_λ/E_λ〔A/W〕を波長 λ に対して測定している．すなわち，分光感度特性は1Wあたりの出力電流であり，単位は〔A/W〕である．
(ii)★ 量子効率
量子効率（あるいは**量子収集効率**（quantum efficiency）ともいう）は太陽電池を構成する半導体のバンド内で毎秒吸収された光子 N_{ab} に対し，毎秒生成した自由電子の数 N_e の比として，下記のように定義される．量子効率は「吸収された1個の光子が何個の電子を生成するか」の目安を与える．量子効率を**外部量子効率**ともいい，**EQE**（external quantum efficiency）と略記することがある．なお，バンド内で毎秒吸収された光子の数は，太陽電池に毎秒入射した光子の数と異なるので注意されたい．

$$(外部)量子効率（QE_\lambda） \\ = 毎秒生成した電子の数 N_e / 毎秒吸収された光子 N_{ab} \quad (4.4)$$

4.8 分光器からの放射光スペクトル

(1) 太陽光と類似のスペクトル
分光器から放出される光のスペクトルには，2種類のスペクトルがある．1つは図4.12に示すように，太陽光と類似のスペクトルをもつ分光器である．同図に，この種のスペクトル光を結晶Si系太陽電池に照射したときの分光感度特性を示した．また，比較のためCuInGaSe系太陽電池の分光感度特性も示した．ここでCuInGaSe系太陽電池とは，混晶CuInGaSeを用いて作製した太陽電池で薄膜太陽電池である．

(2) 定エネルギー照射分光器
照射強度が，例えば図4.13に示すように，300〜1700 nm（4.1〜0.7 eV）の波

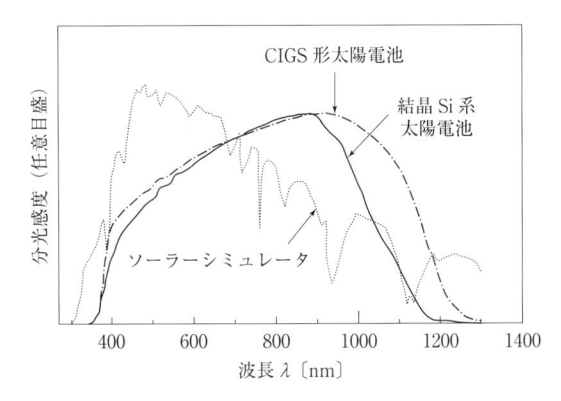

図 4.12 分光器からの放射光スペクトルと結晶 Si 系太陽電池などの分光感度特性例

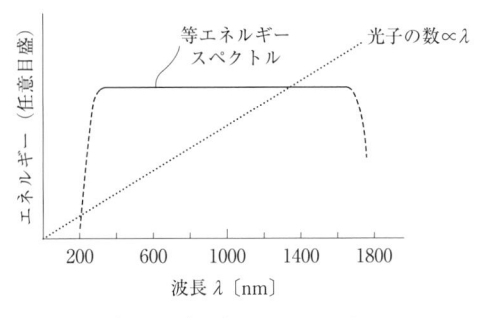

図 4.13 定エネルギースペクトル

長帯でほぼ一定の分光器がある．このようなスペクトルを**定エネルギースペクトル**という．

(3) **定フォトン照射分光器**

定フォトン分光器とは単位時間あたり照射するフォトンの数が波長によらず一定である分光器をいう．この種の分光器は太陽電池の量子収集効率を測定するとき利用される．量子収集効率は式 (4.4) で与えられるように，照射した光子の数に対して，生成した電子の数の比である．

(4) **定エネルギーおよび定フォトン分光器の典型的な仕様**

　　波長範囲：300〜1700 nm（4.1〜0.7 eV）
　　光　　源：キセノンランプ（500 W）　　　300〜430 nm

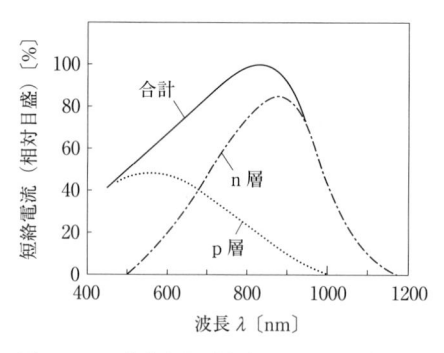

図 4.14 pn接合太陽電池（p層 on n基板）のp層およびn層からの量子効率（定性的）

```
ハロゲンランプ（400 W）      430～1700 nm
キセノン＋ハロゲンランプ      300～1700 nm
```

有効照射サイズ：20 cm×20 cm
定エネルギー：5～40 μW/cm^2
定フォトン：1×10^{14}～0.1×10^{14} photons/ cm^{2}sec

照射された各波長の光がどの深さまで太陽電池に浸透するかは理論的に推定できる．定エネルギー分光器や定フォトン分光器を用いると，p層およびn層が太陽電池の短絡電流に，どの割合で寄与するかを実験的に確認できる．図4.14はそうした一例である．

参考文献

1) M. P. Thekaekara：Data on incident solar energy. In M. P. Thekaekara (ed.) *The Energy Crisis and Energy from the Sun*, Institute of Environmental Sciences, 1974.
2) J. J. Loferski：Theoretical considerations governing the choice of the optimum semiconductor for photovoltaic solar energy conversion. *J. Appl. Phys.*, **27**, p. 777, 1956.

5
太陽電池の半導体基礎物性

　太陽電池を構成する物質は基本的に半導体である．太陽電池用半導体にはいくつかの種類があるが，本章では半導体シリコンの物性を中心に述べる．

5.1　電子のとりうるエネルギー

　図 5.1 に示すように，水素原子は正の電荷をもつ原子核と負の電荷をもつ電子から構成される．それらの大きさ（絶対値）は等しく，e で表示される．水素原子の原子核を**プロトン**（陽子）といい，質量は電子の約 1800 倍である．陽子と電子の電荷には**クーロンの力**（引力）が作用する．

　電子の全エネルギーは**運動エネルギー**と**位置エネルギー**（別名**静止エネルギー**あるいは**ポテンシャルエネルギー**）の和である．電子がとりうる全エネルギーは**ボーア**（Bohr）が理論的に初めて究明した．彼の理論は初歩的な量子力学を用いたもので，**ボーアモデル**という．このモデルによると，全エネルギーは連続でなく，図 5.2 に示すように**離散的**になる．同図に示した n を**主量子数**といい，電子のエネルギーを与える基本的な量子数である．

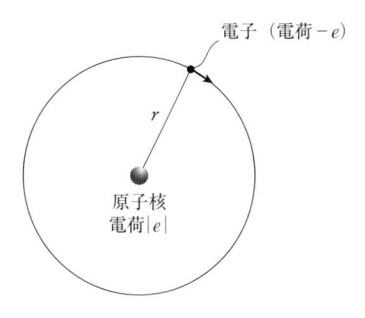

図 5.1　原子核の周囲を円運動する電子 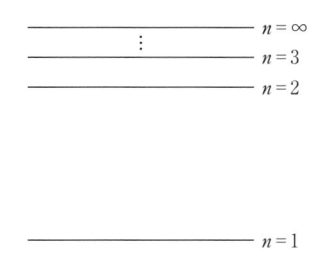　　　　図 5.2　電子がとりうるエネルギー

5.2 シリコン原子

シリコン元素の原子番号は 14 であるから，**図 5.3**(a) に示すように原子核の周囲に 14 個の電子がある．各軌道に入りうる電子の数は量子力学により規制されている．シリコン原子の最外殻軌道には 4 個の電子がある．最外殻軌道の電子を**価電子**という．物質の物性は価電子の数などで決まるため，原子像を描く場合，内側の電子を無視することが多い．シリコン原子の各軌道にある電子のエネルギー準位を定性的に図 5.3(b) に示す．

5.3 シリコン結晶

無数のシリコン原子が結合して結晶となる．**図 5.4** はシリコン結晶の構造である．格子定数 a は 5.43 Å（= 0.543 nm）である．結晶構造にかかわる長さの単位として，nm でなく Å を使用することがある．図 5.4 のような構造はダイヤモンドと同じであるため，**ダイヤモンド構造**という．ただし，ダイヤモンドは炭素原子 C（4 族で原子番号 6）から構成される．シリコンと同じ 4 族であるゲルマニウム Ge（原子番号 32）の結晶もダイヤモンド構造である．

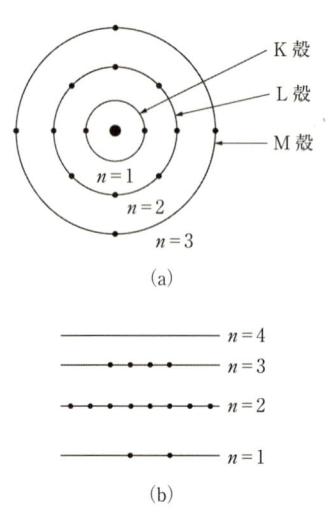

図 5.3 (a) シリコン原子の軌道
(b) 電子のエネルギー準位

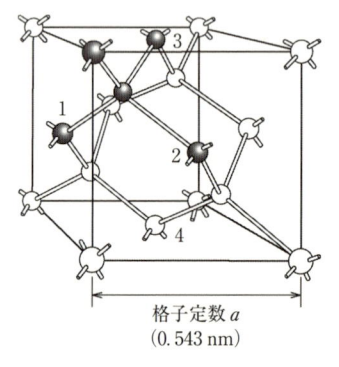

図 5.4 シリコン結晶の構造

図 5.4 に示したように，各シリコン原子は 4 個の**結合手**で，隣接する原子と結合している．この様子を単純化して平面的に描いたものが**図 5.5** である．同図からわかるように，隣同士の原子は価電子を共有して結合している．このような結合を**共有結合**という．

5.4 シリコン結晶中の電子のエネルギー

シリコン原子が独立しているときの電子のエネルギーは図 5.3(b) に示したように離散的であるが，原子間距離が徐々に短くなるに伴い，電子のエネルギー状態が変化する．**図 5.6** に 2 個のシリコン原子が接近する様子を示す．

2 個の原子が，ある程度接近すると，一方の原子の価電子が隣の原子の軌道へ飛び移る確率がある．この現象を「トンネル効果」という．その結果，シリコン結晶中の電子のエネルギー準位は**図 5.7**(a) に示すように幅（あいまいさ）をもつようになる．このような幅を**エネルギーバンド**あるいは単に**バンド**という．

しかし，隣接する原子は限りなく接近することができない．なぜなら，原子の中心にある陽子はプラスの電荷をもつため，2 つの陽子が，ある程度接近すると陽子間に反発力が生ずるからである．実際の結晶では，隣接する原子間距離は特定の値になる．こうした距離を**最近接距離**という．図 5.4 からわかるように，シリコン結晶の場合，厳密には最近接距離は**格子定数**と異なるが，図 5.7(a) には最近接距離と格子定数は等しいとみなし，a で表示した．次に，格子定数 a における電子のエネルギー状態は図 5.7(b) に示すようにバンドをもつ．同図で陰の部分は電子が入ることができるバンドで**許容帯**という．電子が入ることができない部分を**禁止帯**という．シリコン結晶中の電子は主量子数 $n=3$ で指定される許

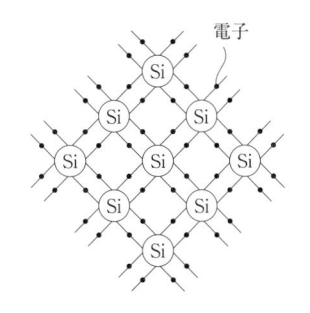

図 5.5 シリコンの電子構造（模型） 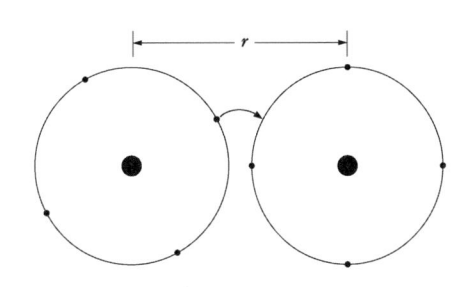 **図 5.6** 2 個のシリコン原子が接近した様子

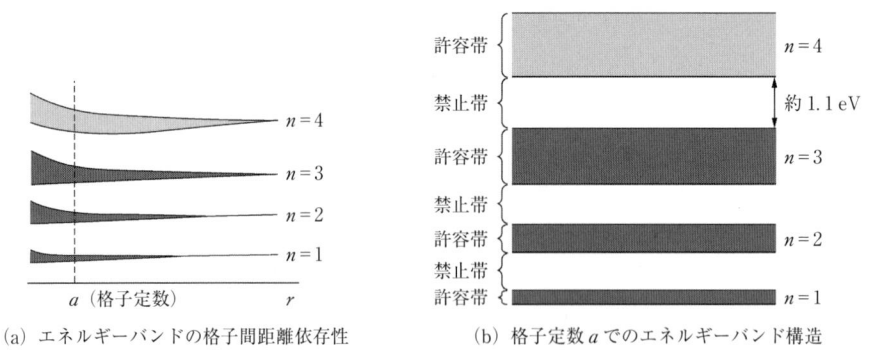

(a) エネルギーバンドの格子間距離依存性　　(b) 格子定数 a でのエネルギーバンド構造

図 5.7 シリコン結晶中の電子エネルギーバンド

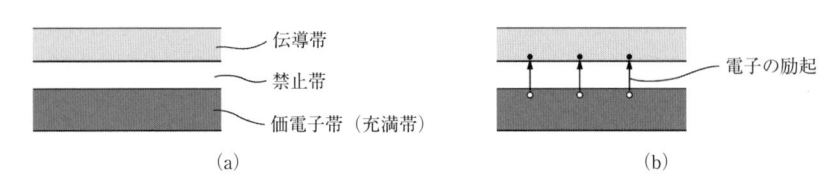

図 5.8 (a) 半導体のバンド構造 (b) 電子と正孔の生成

容帯の上まで電子が充満している．電子が充満した許容帯を**充満帯**という．

5.5　真性半導体と不純物半導体

(1)　真性半導体

以上で述べたシリコン結晶には人為的に不純物を添加していない．このような半導体を**真性半導体**という．真性半導体のバンド構造を**図 5.8**(a) に示す．真性半導体に光を照射すると，光子が価電子帯の電子と衝突する．衝突された電子は光子からエネルギーを得て，図 5.8(b) に示すように伝導帯へ励起する．その結果，価電子帯に「空席」ができるが，これは電気的に正電荷をもつので**正孔**（positive hole）という．

(2)　不純物半導体

太陽電池などの半導体デバイスを作製するとき，真性半導体に人為的に特定の不純物を添加する．このような半導体を**不純物半導体**という．不純物の種類により，不純物半導体は **p 形半導体**と **n 形半導体**に分けられる．これらの詳細は下記 (3) および (4) で述べる．半導体に微少量の不純物を人為的に添加すること

(3) p形半導体

はじめに，シリコン結晶に不純物ボロン B を添加したシリコン半導体の物性について述べる．図 5.3(a) に示したように，Si 原子の最外殻には 4 個の電子がある．一方，原子番号 5 であるボロン (B) の原子核の周囲には，**図 5.9**(a) に示すように 5 個の電子がある．そのうち 3 個の電子は最外殻軌道にある．半導体シリコンに B を添加した結晶構造の概要を図 5.9(b) および (c) に示す．

図 5.9(b) からわかるように，ボロン B 原子の周囲では，電子が 1 個欠落した状態となる（白丸参照）．この白丸は正孔を表す．すでに述べたように，正孔はあたかも正の電荷をもっているように振舞う．次に，図 5.9(b) に示した番号 1 の電子は熱運動により白丸（空孔）へ移動したと仮定する．その結果，白丸は図 5.9(c) に示したように右のほうへ移動したことになる．この挙動をバンド構造を用いるとわかりやすい．不純物 B によって生成した正孔のエネルギー準位は**図 5.10**(a) に示すように価電子帯のすぐ上にある．このような準位を**アクセプタ準位**あるいは単に**アクセプタ**という．アクセプタをもつ半導体を **p 形半導体**という．p 形の p は正電荷（positive charge）を意味する．図 5.10(a) では，アクセプタ準位を白丸で描いたが，単に横バーで示すことが多い．アクセプタは英語の

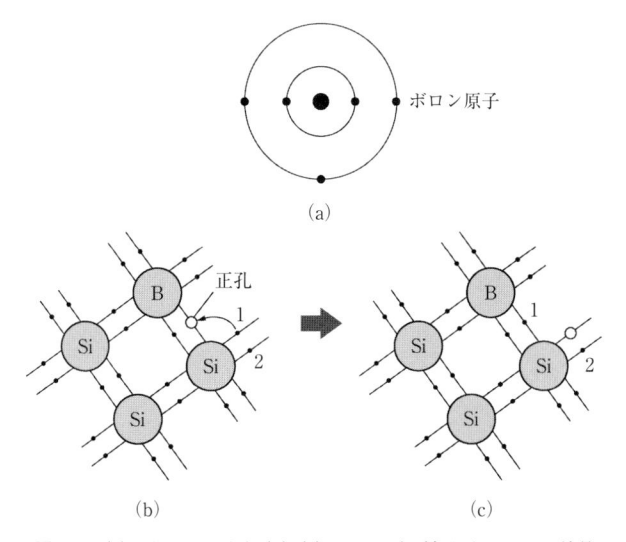

図 5.9 (a) ボロン B 原子 (b) (c) Si に B を添加したシリコン結晶

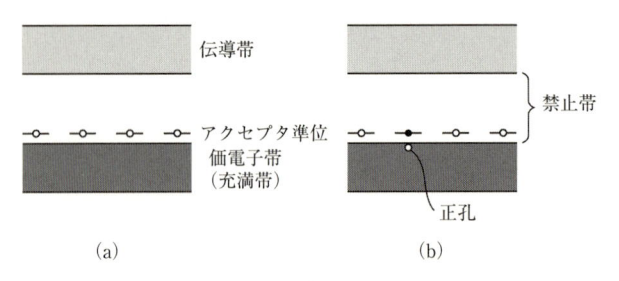

図 5.10 p形半導体のバンド構造

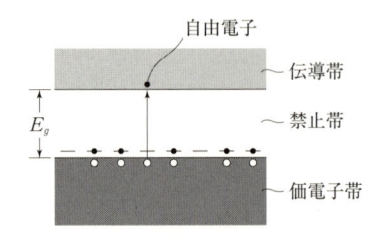

図 5.11 p形半導体における価電子の励起

acceptor で,「受容体」あるいは「受け取る」意味がある.なお,図 5.10(a) は温度が 0 K における状態であることに注意されたい.図 5.10 に示したアクセプタ準位は価電子帯の上方,約 0.045 eV (= 45 meV) にある.この値は Si の禁止帯の大きさ 1.1 eV に比べて非常に小さい.なお,1 meV は約 11.6 K に等しいので,45 meV は温度に換算すると約 495 K に等しい.室温(約 300 K)では,価電子帯の電子には 300 K に等しいエネルギーをもつものがある.それらの電子はアクセプタ準位へ遷移(励起)する.

図 5.10 に示した p 形半導体に光が照射すると,**図 5.11** に示すように,価電子帯の電子の一部が伝導帯へ励起する.伝導帯へ励起した電子は自由に動くことができるので**自由電子**という.半導体に外部から電圧を印加すると,自由電子は容易に流れる.

(4) n形半導体

シリコン結晶に 5 価の原子リン(P)を添加した場合について述べる.P は原子番号が 15 であるから,**図 5.12**(a) に示すように原子核の周囲に 15 個の電子がある.最外殻電子の数は 5 個であるから,Si 原子に比べて 1 個多い.こうした P をシリコン結晶に添加したときの結晶構造を図 5.12(b) に示す.同図からわかる

5.5 真性半導体と不純物半導体

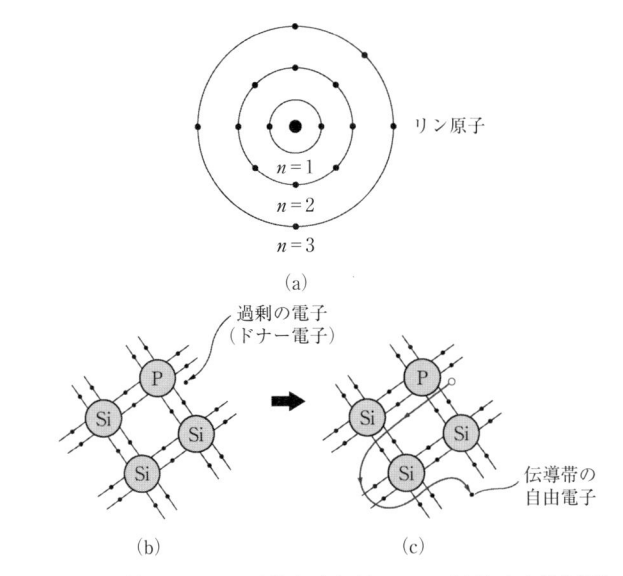

図 5.12 (a) リン P の原子構造 (b)(c) Si に P を添加した結晶構造

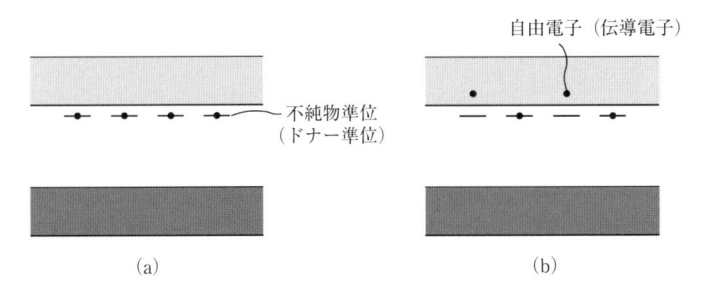

図 5.13 n 形半導体のバンド構造 (a) 温度 0 K (b) 有限の温度

ように，P の近傍に過剰の電子 1 個がある．この過剰電子は原子核との電気的クーロン力が弱いので，熱エネルギーを得ると自由になり，図 5.12(c) に示したように結晶内を自由に動くことができる．

以上の挙動は**図 5.13**(a) に示したバンド構造を用いるとわかりやすい．上述した過剰電子のエネルギー準位は伝導帯の直下，約 44 meV にある．このような不純物準位を**ドナー準位** (donor level) という．donor には「提供する」意味がある．ドナーレベルの電子を**ドナー電子**という．ドナーレベルをもつ半導体を **n 形半導体**という．n 形の n は negative charge であり，電荷がマイナスであることを示す．

次に，n形半導体の電気伝導について述べる．1 meVは約11.6 Kに等しいので，室温（300 K）に等価な熱エネルギーは26 meVである．室温（300 K）では，一部のドナー電子が伝導帯へ励起する．伝導帯に励起した電子は自由電子になるので，外部から印加された電圧によって容易に流れる．半導体に電圧を印加すると，バンドに傾きが生ずるからである．

5.6　フェルミ準位

(1)　半導体のフェルミ準位

半導体物性で重要な用語に**フェルミ準位**がある．有限の温度における真性半導

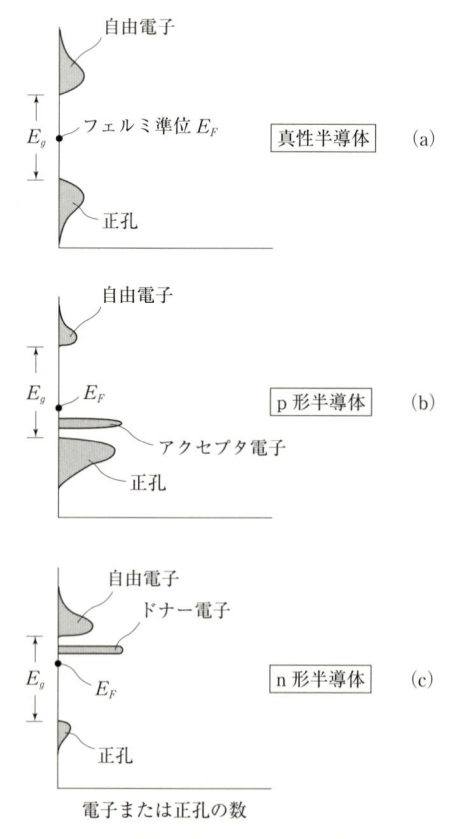

図 5.14　(a) 真性半導体　(b) p形半導体
　　　　(c) n形半導体における電子と正孔の分布

体，p形半導体，およびn形半導体の電子と正孔の分布について述べる．これらの分布はフェルミ・ディラック統計を用いて定量的に求められるが，本書では定性的に説明する．図 5.14 に真性半導体，p形半導体，およびn形半導体の電子と正孔の分布を示す．同図で自由電子は伝導帯に存在する電子を表し，正孔は価電子帯の正孔を表している．図 5.14 に示した E_F はフェルミ準位である．フェルミ準位を定性的に述べると，電子群（自由電子＋ドナー電子）と正孔群の「重心」のような意味合いがある．

(2) 金属と絶縁体のフェルミ準位

金属のフェルミ準位は図 5.15(a) に示すように伝導帯にある．絶縁体のフェルミ準位は，あるバンドの上端にある．なお，これらの図は有限の温度での図である．温度 0 K では，電子は濃い影の部分に存在する．

5.7 バンド構造と電気伝導度

(1) 金　属

物質は電気伝導度によって金属，半導体，絶縁体に分けられる．このような伝導度はバンド構造から定性的に理解できる．上述のとおり，金属のフェルミ準位 E_F は伝導帯にある．室温では，フェルミ準位のすぐ下にある電子が熱エネルギーにより容易に伝導電子となる．金属の導電率が大きいのはこのためである．

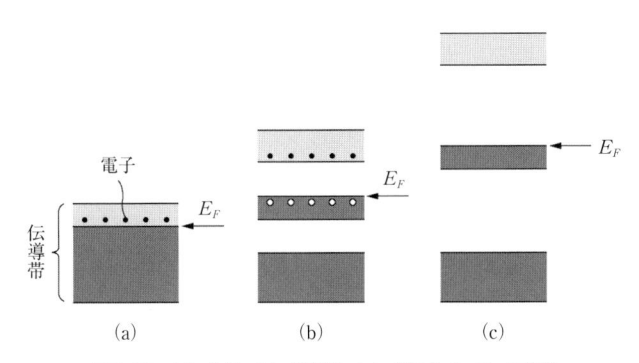

図 5.15　(a) 金属　(b) 半導体　(c) 絶縁体のバンド構造
（濃い影は 0 K で電子が存在する領域を示す）

(2) 半導体

半導体の禁止帯の大きさは図5.15(b) に示すように，絶縁体と金属の中間である．太陽電池に使用される各種半導体の禁止帯幅は1～2 eV 程度である．

(3) 絶縁体

図5.15(c) に示すように絶縁体の禁止帯幅は大きい．その大きさは絶縁体の種類によって異なるが，典型的に，ダイヤモンドの禁止帯幅は約5.6 eV である．1 eV のエネルギーは絶対温度に換算すると11600 K に等しい．このように室温では絶縁体の価電子帯の電子は伝導帯へ励起できないので絶縁体の電気抵抗は大きい．

5.8 印加電圧による電流（ドリフト電流）

半導体に外部から電圧を印加すると，バンド構造に傾きが生ずる．外部から電圧をかけることを「電圧を印加する」という．**図5.16** のようなバンドをもつ半導体に電池を接続すると，バンドが傾く．この傾きは電界の大きさに比例する．このような傾きができると，図5.16 に示したように，自由電子はバンドの「坂」を下って行く．一方，正孔にとって，縦軸の上のほうがエネルギーが低いので，正孔はバンドの上のほうへ流れる．電子と正孔の流れにより，半導体中に電流が生ずる．電界によって流れるこのような電流を**ドリフト電流**という．なお，n形半導体における伝導電子を**多数キャリア**といい，正孔を**少数キャリア**という．p

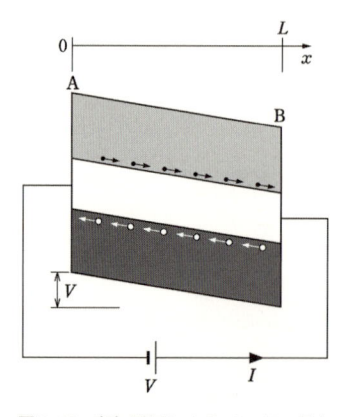

図5.16 印加電圧によるバンドの傾き

図5.17 自由電子の生成と拡散

形半導体の場合は，これと逆で正孔が多数キャリアで，電子が少数キャリアである．

5.9 拡散電流

例えばn形半導体のある部分に光や熱を与えると図5.17に示すように，その領域の自由電子の密度が大きくなる．電子は，密度が大きい領域から密度が小さい領域へ流れる．このような流れによる電流を**拡散電流**という．図5.17には電子を示したが，正孔の場合も同様である．

5.10 拡 散 長

図5.18に示すように，光の照射などによって生成した自由電子が伝導帯を流れると仮定する．こうした自由電子には，正孔と結合して消滅するものがある．電子と正孔の結合を**再結合**という．再結合には2つのプロセスがある．1つは自由電子が直接正孔と結合するプロセスである．これと異なるプロセスは，図5.18に示したように**再結合中心**を介したプロセスである．このプロセスでは，自由電子がいったん，不純物準位に捕獲され，次に下のほうに遷移して正孔と再結合する．生成した電子が正孔と結合するまで進んだ平均距離を**拡散長**といい，その時間を**拡散時間**（あるいは**寿命**）という．厳密には拡散時間は各々の電子によって異なるが，自由電子全体の平均を拡散時間（あるいは寿命）という．拡散長も同様である．半導体中の電子の拡散長は結晶の種類や不純物濃度によって異なるが，Si結晶の拡散長は典型的に $50\sim60~\mu m$ である．化合物半導体であるGaAs結晶中の電子の拡散長は数μmと短い．この違いはSiとGaAsのバンド構造による．

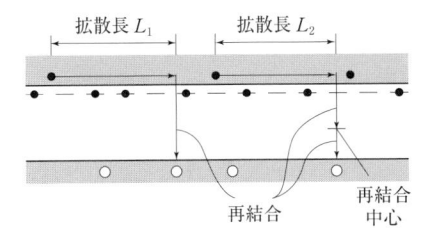

図5.18 拡散長

5.11　光導電効果

図 5.19 に示すように，ある種の半導体に光を照射すると導電率が増大する現象がある．このような現象を**光導電効果**という．この現象は光子が価電子帯の電子に衝突し，電子が伝導帯に励起されるからである．図 5.19 は真性半導体の外部回路に電池を結線した図である．キャリアである正孔は同図に示したように，左のほうへ流れるが，電線を流れてきた電子と結合して消滅する．なお，正孔は金属の導体を流れることができないので注意されたい．

5.12　pn 接合のバンド構造

p 形半導体と n 形半導体を接合したものを **pn 接合**（または np 接合）という．太陽電池のバンド構造の基本が pn 接合である．pn 接合のバンド構造を図 5.20 に示す．同図に示した E_F がフェルミ準位である．

太陽電池の発電機構を理解するには，pn 接合のフェルミ準位を理解しなければならないが，本書では定性的に述べる．フェルミ準位は容器に入っている水の水面に似ている．水が入った 2 つの容器の底に穴を開け，パイプでつなぐと両方の容器の水面は等しくなる．これと同じように，p 形半導体と n 形半導体を物理的に接触すると，両方のフェルミ準位が等しくなる．一般に，複数の半導体を接触させると，それらすべてのフェルミ準位が等しくなる．

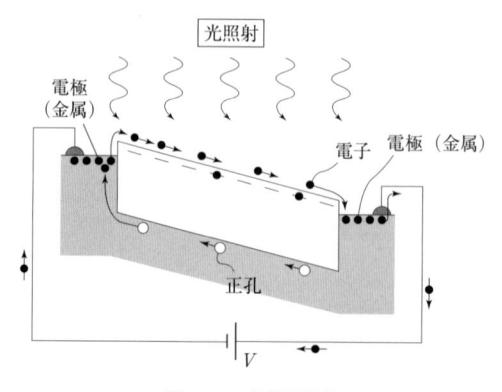

図 5.19　光導電効果

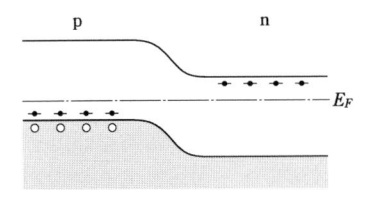

図 5.20 pn 接合のバンド構造

5.13 空乏層の形成

pn 接合を物性論的に説明する．図 5.21(a) に pn 接合を示す．わかりやすくするためにすべてのアクセプタ準位に電子が励起され，すべてのドナー準位の電子が伝導帯に励起されていると仮定する．空席になったドナー準位は電気的にプラスとみなされるので白丸で示す．本来の p 領域と n 領域は，いずれも電気的に中性である．しかし接合近傍にある正孔は n 形へ拡散し，伝導電子は p 領域へ拡散する．その後，正孔と電子は再結合して消滅する．その結果，図 5.21(b)

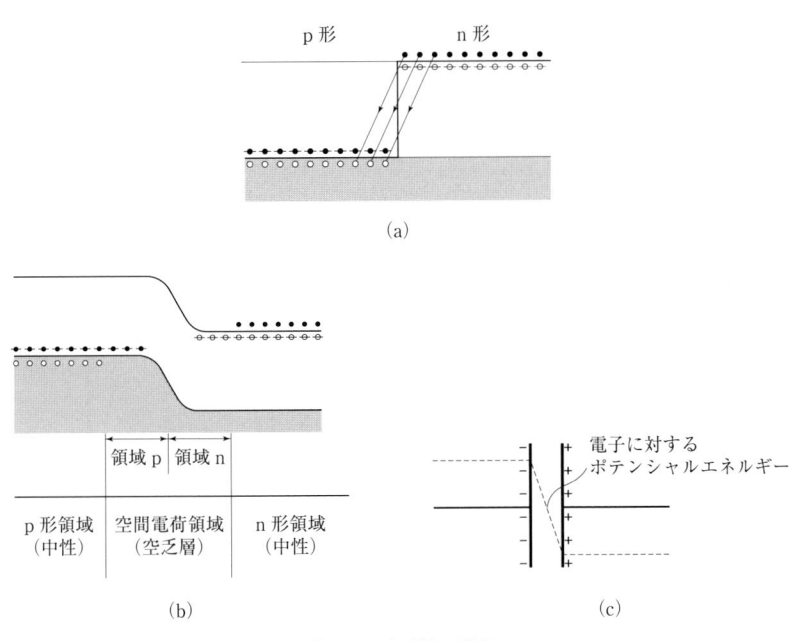

図 5.21 空乏層の形成

に示すように，領域 p にはマイナスの電荷（図では3個のアクセプタ電子）が蓄積した状態になり，領域 n にはプラスの電荷（図では3個のドナー空席）が蓄積する．このような領域 p と領域 n を合わせた領域を**空間電荷領域**あるいは**空乏層**という．空乏層は図5.21(c)に示すようにコンデンサを形成する．コンデンサ内部にある電子のポテンシャルエネルギーを破線で示す．

5.14　半導体内の電界

図5.22(a)に示すように，導電率が高い2つの板状物質 A で，導電率が低い物質 B（厚さ d）を挟み，外部から電圧を印加する．このとき，電子のポテンシャルエネルギーがどのようになるかは電磁気学で知られている．図5.22(a)に示した低導電率領域 B がコンデンサとなり，その両端の A が導電性電極のように振舞う．電極の電荷を Q，電極間の電圧を V，電極間距離を d，B 内での電界を E とすると，Q, V, E および電気容量 C には次の関係がある．

$$Q = CV \tag{5.2}$$

$$V = Ed \tag{5.3}$$

次に，コンデンサ内での電子のポテンシャルエネルギーを考える．コンデンサ内に1個の電子をおくと，電子は $+Q$ の電極に引かれ，左のほうへ流れる．すなわち電子のポテンシャルエネルギーは図5.22(b)に示すように傾いている．

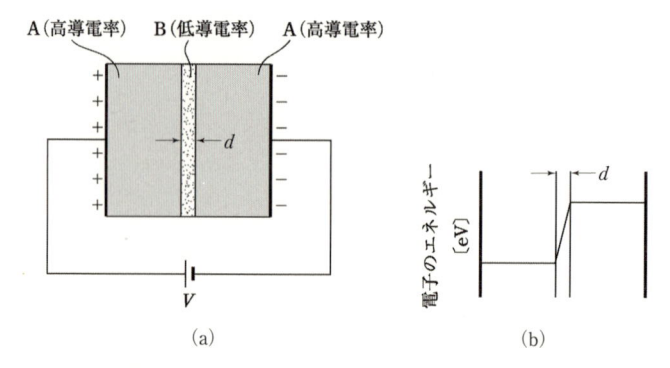

図5.22　印加電圧と電子のポテンシャルエネルギー

5.15 太陽電池の変換効率の禁止帯幅依存性

太陽電池の変換効率(または単に効率)は式 (1.1) で述べたように,入射した太陽光エネルギーに対する太陽電池出力の百分率として,次のように定義される.

$$\text{太陽電池の変換効率} = \frac{\text{電気出力}〔W〕}{\text{入射太陽光エネルギー}〔W〕} \times 100 〔\%〕$$

上式の分母に注意されたい.分母の「入射太陽光エネルギー」には,表面電極が占める面積の概念が入っていない.結晶 Si 系太陽電池の電極は太陽光を透過しないので,面積が大きければ変換効率は低下する.太陽電池の研究段階では,物性論的立場から変換効率を評価することがある.変換効率が電極の面積によって影響されると,物性的立場からの評価が複雑になる.そのため,上式の分母として,電極部分に入射する太陽光のエネルギーを差し引くことがある.このようにして求めた変換効率を**有効受光面積に対する変換効率**という.

一般に,太陽電池の理論的な変換効率とは有効受光面積に対する変換効率をいう.以下,理論的変換効率について述べる.理論的変換効率は 1960 年代から研究され,70 年代に基本的なことはほぼ確立された.**図 5.23** は太陽電池の理論的変換効率の禁止帯幅 E_g 依存性を示す.理論的変換効率は同図からわかるように,

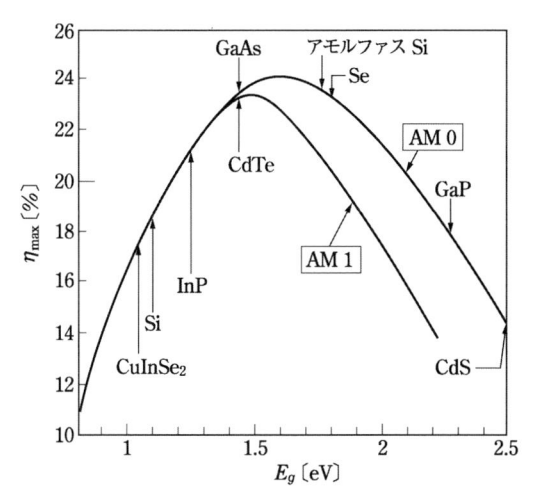

図 5.23 太陽電池の理論的変換効率の禁止帯幅依存性

AM 値に依存するが，最高 23〜28% 程度である．ただし，理論的変換効率は理論の条件によって幾分異なるので注意されたい．

以上に述べた理論的変換効率と別な変換効率がある．それは，電極に照射した太陽光エネルギーも式 (1.1) の分母に考慮した変換効率で，**占有面積に対する変換効率**という．これは，実用化段階の太陽電池の仕様を表すとき用いる．現在，実用化されている結晶 Si 系太陽電池の占有面積に対する変換効率は約 15% である．

5.16 半導体による光子の吸収

半導体に入射した光は浸透に伴い，電子と衝突し，徐々にエネルギーを失う．入射した光の波長を λ とし，入射面における光子の数を $N(0)$ とする．表面からの深さ x における光子の数を $N(x)$ とすると，$N(x)$ は次式で表される．

$$N(x) = N(0)\exp\{-\alpha(\lambda)x\} \tag{5.4}$$

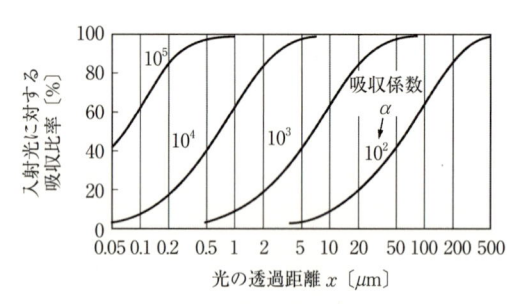

(a) 光の透過距離と吸収状態

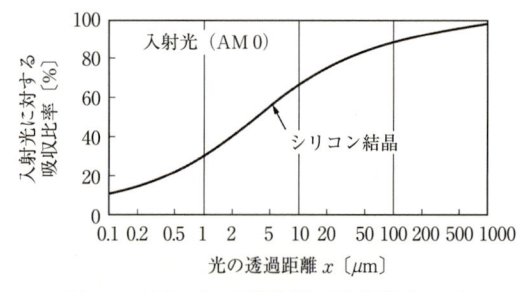

(b) Si に対する光の透過距離と吸収状態 (AM 0)

図 5.24　光の透過距離と吸収状態

ここで $\alpha(\lambda)$ は波長 λ の光に対する**吸収係数**で単位は m^{-1} である．x の単位は m であるから $\alpha(\lambda)x$ は単位をもたない．結晶の表面 ($x=0$) と深さ x で吸収された光子の数の差 $[N(0)-N(x)]$ は次式で与えられる．

$$N(0)-N(x) = N(0)\left[1-\exp\{-\alpha(\lambda)x\}\right] \tag{5.5}$$

$\alpha(\lambda)$ をパラメータとして，$[N(0)-N(x)]/N(0)$ の百分率を x に対して示すと**図5.24**(a) のようになる．同図に示した曲線群を x 方向に平行移動するとすべて重なる．これは，式 (5.4) の exp の項の $\alpha(\lambda)x$ から容易に理解できる．例えば，$\alpha(\lambda)$ が10倍になり，かつ x が10分の1になれば，$\alpha(\lambda)x$ の大きさは変わらない．半導体シリコン中で，入射光が深さとともに吸収される様子を図5.24 (b) に示す．同図から明らかなように，10 μm の深さで約70％の光が吸収され，100 μm では90％の光が吸収される．このことから結晶 Si 系太陽電池は，少なくとも 100 μm 以上の厚さを必要とすることがわかる．ただし，最近は数 μm の層内に"入射光を閉じ込める"太陽電池が開発されている．この方法を用いると，太陽電池の厚みを数 μm にすることができる．なお，図5.24(b) では，入射光を AM 0 としたが，AM 1.5 などでもほぼ同様である．

5.17　光子の半導体への浸透

図 5.25 に各種半導体に対する光吸収係数の光子のエネルギー依存性を示す．光子のエネルギー $h\nu$ が禁止帯幅 E_g より小さいとき，光子はほとんど吸収されないので吸収係数は非常に小さい．$h\nu$ が半導体の禁止帯幅 E_g より大きい場合は，光照射によって正孔と電子の対が生成する．**図 5.26** は，AM 0 の太陽光を半導体に照射したとき，正孔と電子の対を生成することができる光子の数が E_g に対して，どのように変化するかを示したものである．同図の縦軸の単位は〔毎秒毎平方センチメートル ($s\,cm^2$)〕である．生成した正孔と電子の対の数は光子の数に等しい．図5.26 で，例えば E_g が 2 eV のとき，正孔と電子の対を生成できる光子の数は急激に減少するが，これは次のように説明できる．付表Ⅴから，1 eV に相当する光の波長は約 1240 nm である．禁止帯幅が 2 eV の場合，対応する波長は 620 nm となる．すなわち，図4.3のスペクトルで波長約 620 nm 以下の光子は電子と正孔の対を生成することができるが，それ以上の波長の光はできない．したがって図5.26 に示したような急激な減少が起こるのである．

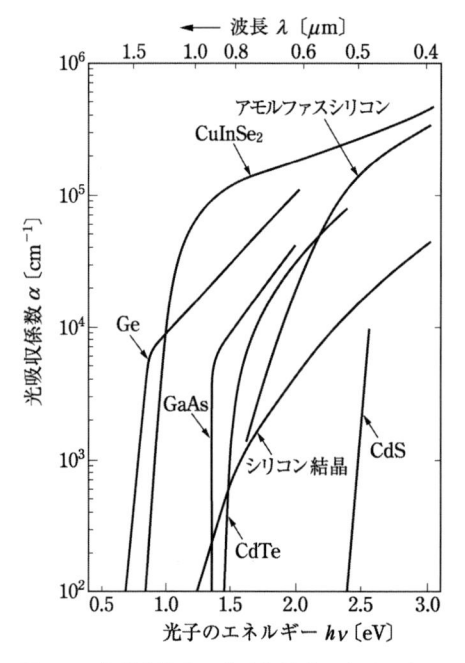

図 5.25 各種半導体の光吸収係数の光子エネルギー依存性

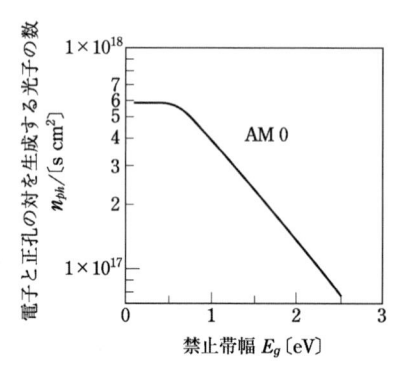

図 5.26 電子と正孔の対を生成する光子の数 ($n_{ph}/[s\,cm^2]$)

5.18 変換効率を規制する因子

5.15 節で述べたように，太陽電池の理論的変換効率は最大で約 25% である．変換効率を規制する因子にはいくつかあるので，それらについて述べる．まず，太陽電池に入射した太陽光エネルギーの損失の内訳を**図 5.27** に示す．

エネルギーの損失は太陽電池の構造（例えば表面から np 接合であるか，あるいは pn 接合であるか）によって差があるが，この差は小さいので無視する．以下，損失が比較的大きいものを説明する．禁止帯幅 E_g より小さいエネルギー $h\nu$ の光子は吸収されないため，損失となる．このエネルギー損失は約 22% である．一方，$h\nu$ が E_g より大きい光子は電子と正孔の対を生成するが，余分のエネルギー ($h\nu - E_g$) は熱となって結晶格子へ散逸する．この種の損失は約 33% である．次に大きい損失は，開放電圧 V_{oc} が E_g より小さいことに起因する損失で，**開放電圧ファクタによる損失**という．この損失は約 20% である．V_{oc} と E_g との関係は第 7 章の式 (7.19) で述べる．上記で述べた損失以外の損失もあり，最終的に利

```
       結晶 Si 系太陽電池
         │  │
         │  └─ np 接合，基板 10 Ωcm, AM 0
         └──── pn 接合，基板 1 Ωcm, AM 1

100 …… 100  ┐
            │  光子のエネルギー $h\nu$ が禁止帯幅 $E_g$ より小さい
            │  光子による損失
76  ……  77 ┘
            ┐
            │  光子の過剰エネルギーによる損失
            │   ($h\nu - E_g > 0$)
43.5 ……  44 ┘
            ┐
            │  開放電圧ファクタ（$E_g$ の大きさに比べ $V_{oc}$ が小さい）
21.3 …… 26.4 ┘ $I$–$V$ 特性の曲線因子 $FF$ による損失
17.2 …… 21.6    正孔と電子の再結合による損失
12.4 …… 16.9    $I$–$V$ 特性の他の因子による損失
11.3 …… 15.2    直列抵抗による損失
11.0 …… 14.7    反射による損失
10.6 …… 14.2    利用できるエネルギー
 太陽光エネルギー
     (%)
```

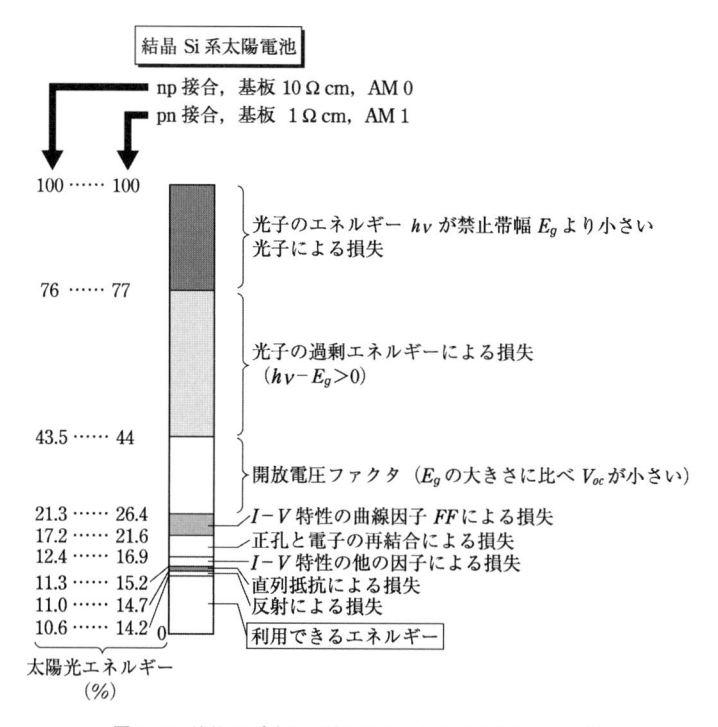

図 5.27　結晶 Si 系太陽電池中での入射光エネルギーの損失

用できるエネルギーは 15% 程度である．従来技術の延長では，効率が 50〜70% の太陽電池は無理である．

5.19　ダイオード特性

図 5.20 に示した pn 接合は太陽電池の基本構造であるが，実はこの構造は**ダイオード**と同じである．ダイオードからは 2 本の端子が出ている．ダイオード diode の di は「2 本の端子」を意味する．光照射がない状態で，ダイオードの端子に外部から電圧を印加した場合，ダイオードを流れる電流と電圧の関係について述べる．

(1)　順方向バイアス

pn 接合に電圧をかける場合，**図 5.28**(a) および (b) に示すように，p 側にプ

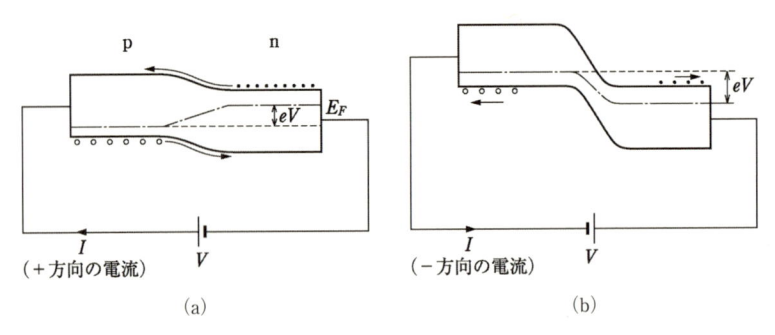

図 5.28 pn 接合への (a) 順方向バイアス (b) 逆方向バイアス

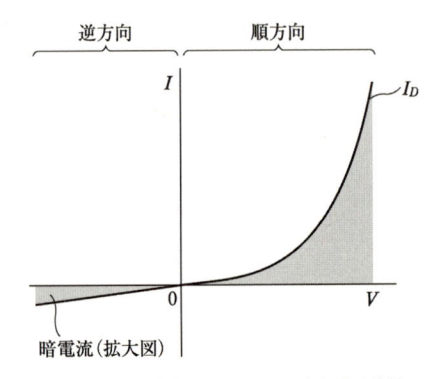

図 5.29 pn 接合ダイオードの電流電圧特性

ラスの電圧をかける方法とマイナスの電圧をかける方法がある．図 5.28(a) に示すように p 側にプラスの電圧をかけ，n 側にマイナスの電圧をかけることを**順方向バイアス**という．その逆のかけ方を**逆方向バイアス**という．後述するように，順方向印加と逆方向印加では，pn 接合を流れる電流の方向と大きさが異なる．以下，順方向バイアスと逆方向バイアスによる pn 接合の電流電圧特性を述べる．

　pn 接合の接合近傍は p 層や n 層に比べて電気抵抗が大きい．こうした pn 接合に外部から順方向あるいは逆方向の電圧 V をかけると，図 5.28(a) および (b) に示したように，電子のポテンシャルエネルギーに段差が生ずる．この段差により，順方向バイアスでは n 形半導体のバンドが上のほうに約 eV だけ上昇する．そのため，n 層の伝導電子から p 層をみたとき，ポテンシャルの「山」が低くなる．その結果，n 層の伝導電子は p 層へ流れやすくなり，外部回路に電流が流れるのである．順方向電圧 V が大きくなるにしたがって，n 層から p 層へ流れる電子数は多くなる．この挙動を**図 5.29** の第 1 象限に示す．図 5.29 に示した曲線

を**整流特性**あるいは**ダイオード曲線**という．

(2) 逆方向バイアス

図 **5.30** に示すように，pn 接合に逆方向電圧を印加すると，n 形半導体のポテンシャルが低くなる．その結果，n 形半導体層から p 形半導体層へ電子が流れにくくなるので，外部回路へ流れる電流が小さくなる．ただし，厳密には図 5.30 に示すように，熱エネルギーにより pn 接合面に微少の電子と正孔の対が生ずる．その結果，図 5.29 の第 3 象限に示すように，外部回路に微小の電流が流れる．このような電流を**暗電流**または**もれ電流**という．なお，図 5.30(b) の第 3 象限の曲線は拡大されているので注意されたい．暗電流は印加電圧にほとんど依存せず，一定値（$-I_0$）になる．そのため，暗電流を**飽和電流**ともいう．

(3)★ 整流特性（ダイオード曲線）の数学的表現

図 5.29 に示した整流特性（ダイオード曲線）はダイオードの基本であり，よく知られているので，本書では要点を述べる．

(i) 逆方向電流

図 5.29 の第 3 象限に示した飽和電流を I_0 とする．I_0 は熱平衡時の少数キャリア密度（n_p, p_n），拡散定数（D_p, D_n），拡散距離（L_p, L_n）を用いて次のように表される．S は接合の面積である．n_p は p 層の少数キャリア（電子）の密度であり，p_n は n 層の少数キャリア（正孔）の密度である．

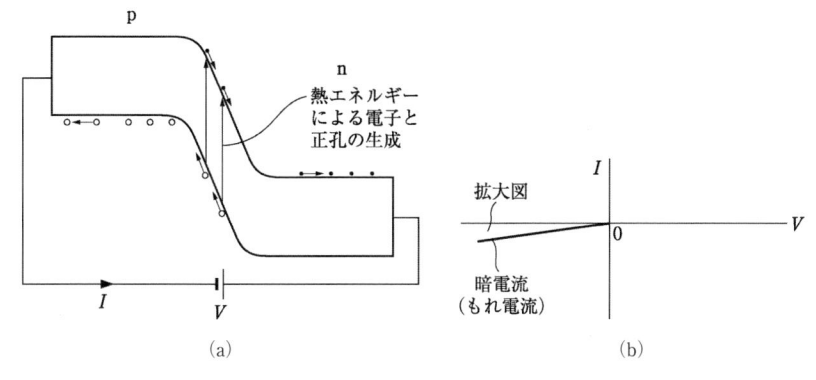

$$I_0 = eS\,(D_n n_p / L_n + D_p p_n / L_p) \tag{5.6}$$

図 5.30 pn 接合への逆方向バイアス

(ii) 順方向特性

順方向にバイアスされたとき，n層のフェルミ準位が図5.28(a)に示したように高くなる．高くなったエネルギーをeV_Jとし，接合を流れる電流をI_Dとすると，I_Dは次のように表される．I_0は逆方向飽和電流である．

$$I_D = I_0 \left[\exp(eV_J/kT) - 1 \right] \tag{5.7}$$

5.20　各種半導体の電気伝導度の不純物濃度依存性

半導体の抵抗率は不純物濃度に大きく依存する．**図5.31**は室温でのGe, SiおよびGaAsの抵抗率の不純物濃度依存性である．太陽電池用として使用されるp形シリコン基板の抵抗率は$0.5 \sim 3 \, \Omega \, \mathrm{cm}$程度であり，不純物濃度は$10^{16} \sim 10^{17} \, \mathrm{cm}^{-3}$のオーダである．

5.21★　移　動　度

シリコン基板の物理量に**移動度**がある．これは半導体の「キャリアの動きやすさ」を表す物理量である．移動度はホール効果を用いて求められるが，本書ではホール効果の説明を省略する．半導体の移動度μは次式で与えられる．

$$\mu = e\tau / m^* \tag{5.8}$$

ここで，τはキャリアの平均時間であり，m^*は**有効質量**である．τは2つの

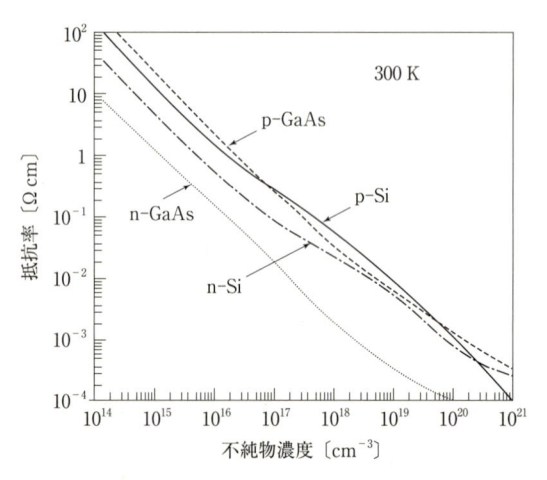

図5.31　半導体の抵抗率の不純物濃度依存性

5.21★ 移 動 度

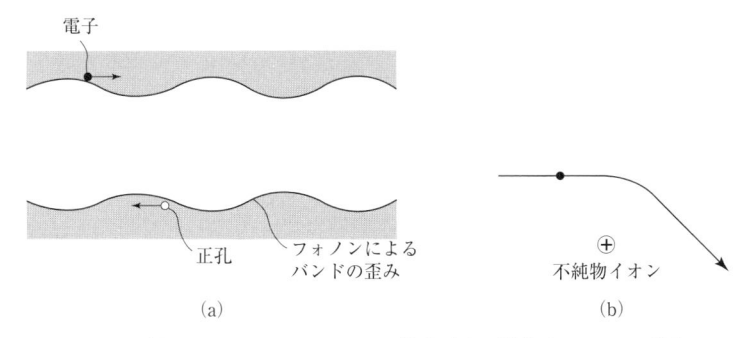

図 5.32 (a) フォノンによるキャリアの散乱 (b) 不純物イオンによる散乱

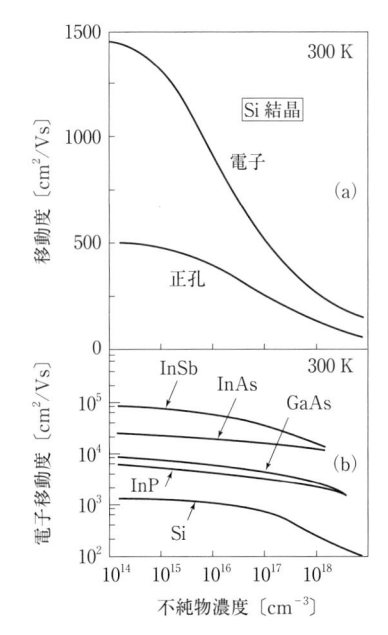

図 5.33 キャリア移動度の不純物濃度依存性．(a) 半導体 Si (b) 化合物半導体

要因で決まる．1つはキャリアと格子の**フォノン**との衝突であり，他はキャリアと不純物イオンとの衝突である．バンド構造はフォノンにより，**図 5.32**(a) のように時間的に変化する．そのため，キャリアの運動が滑らかでなくなる．また，伝導電子や正孔は，図 5.32(b)に示すように，イオンによって散乱される．**図 5.33** に，各種半導体の電子と正孔の移動度の不純物濃度依存性を示す．正孔に比べ電

子の移動度が数倍大きいのは，電子の重さが軽いからである．結晶 Si 系太陽電池用の基板として，不純物濃度 10^{17} cm^{-3} 程度のものがよく使用される．

5.22★　各種半導体の物性特性と理論的変換効率

太陽電池用素材にはいくつかの半導体があるが，それらの物性特性と理論的最大変換効率を**表 5.1** に示す．同表に示した変換効率は図 5.23 に示した変換効率と幾分異なる．理論的変換効率は物性や理論の条件によって微妙に変わるので，表 5.1 に示したデータは目安である．

表 5.1　Si, GaAs, InP, CdTe 太陽電池の暗電流 I_0 および変換効率

半導体	禁止帯幅 [eV]	電子の移動度 [cm²/Vs]	正孔の移動度 [cm²/Vs]	正孔の寿命 τ_p [sec]	不純物濃度 [cm^{-3}]	暗電流 I_0 [Amp/cm²]	理論的最大変換効率 (AM 1) [%]
Si	1.13	1200	250	10^{-5}	10^{17}	5×10^{-12}	20.3
GaAs	1.35	3000	600	10^{-8}	10^{17}	4.1×10^{-16}	23.7
InP	1.25	3000	600	10^{-8}	10^{17}	1.9×10^{-14}	22.4
CdTe	1.45	300	30	10^{-8}	10^{17}	1.2×10^{-19}	26.5

参考文献

1) 菅原和士：『電子物性とデバイス工学』，日本理工出版会，2007.

6

不純物原子の拡散技術と計測法

　半導体基板を用いて太陽電池を作製するとき，特定の不純物原子を基板表面から拡散させて pn 接合をつくる．pn 接合の深さや不純物濃度の制御が不可欠である．太陽電池の性能は拡散の制御技術に依存する．本章では，こうした不純物原子の拡散に関する物性を述べる．6.5 節は「拡散理論」であり，かなり物性的である．この節は太陽電池作製に従事する技術者・研究者にとっては重要であるが，読者の立場によっては，この節を省略することができる．

6.1　不純物の拡散機構

　太陽電池の作製工程の1つに電極の形成がある．例えば，結晶 Si 系太陽電池の表面電極として通常，銀系の金属を使用する．このような電極を作製するとき，熱処理を施す．典型的な熱処理温度は 400℃ で，処理時間は数分である．熱処理によって，金属原子が pn 接合へ浸透することがある．このような浸透により，表面電極と pn 接合部が部分的に電気的に短絡（ショート）する．そのため，太陽電池の出力が大幅に低下する．このように，太陽電池を作製する場合は，不純物拡散の物性を理解しておかなければならない．

　不純物が半導体基板へ拡散する形態には2種類ある．それらの形態を図 6.1(a)

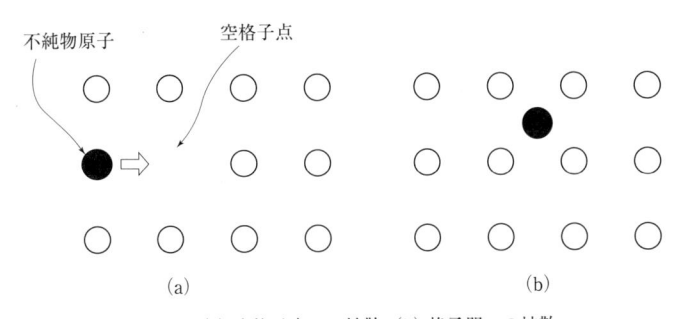

図 6.1　(a) 空格子点への拡散　(b) 格子間への拡散

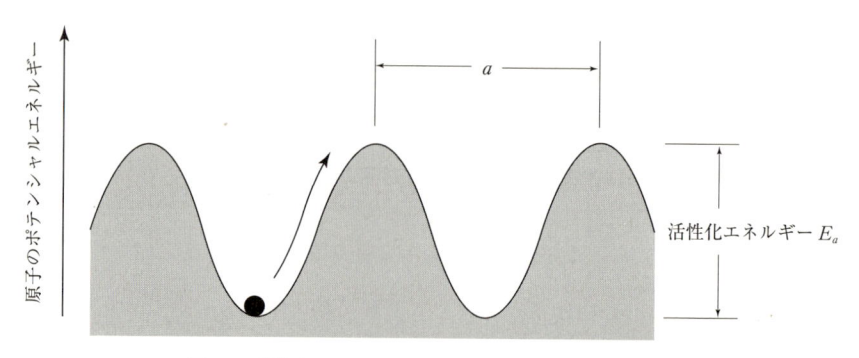

図 6.2 拡散する不純物原子に対するポテンシャルの"山"

および (b) に示す．図 6.1(a) は，不純物原子が空格子点へ拡散する機構であり，図 6.1(b) は格子間への拡散を示す．

不純物原子の拡散機構をエネルギー的に示すと，**図 6.2** のようなポテンシャルの「山」で表される．熱処理により，熱エネルギーを得た不純物原子はポテンシャルの山を越える確率がある．これが拡散の機構であり，E_a を**活性化エネルギー**という．

6.2 不純物濃度分布の測定

以下に，不純物濃度を測定する方法について述べる．

(1) オージェ電子分光法

太陽電池の開発では，pn 接合の深さを知ることが重要である．pn 接合を測定する方法にいくつかあるが，その 1 つが**オージェ電子分光法**（AES：Auger electron spectroscopy）である．AES の概略を**図 6.3** に示す．AES は固体の極表面の元素分析法であり，以下の特徴をもつ．

- 微少部分の分析が可能である．
- 二次元の元素分布ができる．
- イオンスパッタと併用することにより，深さ方向の不純物濃度がわかる．

AES は結晶性に関する情報は得られないが，不純物の深さ方向の分布に関する情報が得られる．定量分析が得られないため，定量分析を行うには標準試料を使用しなければならない．以下，図 6.3 を用いて AES の原理と測定法について述べる．

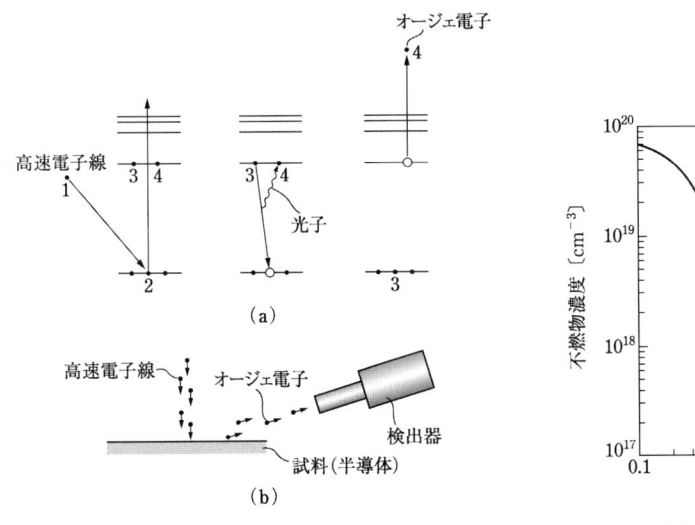

図 6.3 オージェ電子の (a) 発生原理 (b) 検出法

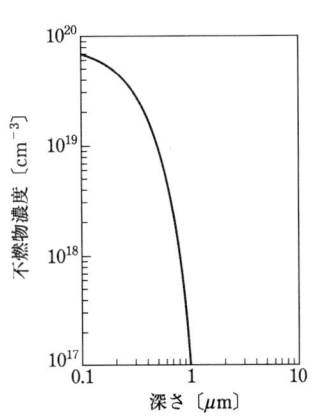

図 6.4 不純物の濃度プロフィール

図 6.3(a) に示すように，高速電子 1 が原子の基底状態にある電子 2 に衝突すると，電子 2 はエネルギーを得て，原子からはじき出される．その結果，基底状態に空席ができる．次にその空席に電子 3 が遷移すると，電子 3 のエネルギーが減少するので光を放出する．放出した光が電子 4 に照射すると，電子 4 が原子から放出される．こうした電子 4 を**オージェ電子**という．図 6.3(a) に示した電子のエネルギー準位のパターンは原子の種類によって異なるため，オージェ電子のエネルギー分布から原子の種類が同定できる．以上の原理を用いると，半導体に含まれる不純物原子の種類や濃度がわかる．さらに試料にアルゴンイオンなどを照射して，スパッタリング（表面を削りとること）しつつ，オージェ電子を検知すると，図 6.4 に示すような深さ方向の不純物濃度がわかる．

(2)★ 二次イオン質量分析法

二次イオン質量分析法（SIMS：secondary ion mass spectrometry）は表面分析法のなかで最も感度が高く，微小部分の測定ができるので，半導体や金属の不純物分析に応用される．ただし，SIMS では不純物濃度のプロフィールは得られるが，結晶性に関する情報は得られない．また，SIMS では定量分析ができないため，定量分析をするには標準試料を使用しなければならない．コンピュータを駆使すると深さ方向の三次元画像解析ができる．SIMS では，一次イオンとして

例えば Ar^+ や O^{2-} が用いられる．これらのイオンによって試料がスパッタされ，放出された二次イオンを質量分析し，イオン数を計量することにより不純物分布がわかる．SIMS の測定感度は不純物の種類によって異なるが，P および As の感度は $10^{17}\,cm^{-3}$ で，B の感度は約 $10^{15}\,cm^{-3}$ で比較的感度が高い．深さ方向の分解能は約 5 nm である．

(3)★ X 線マイクロアナリシス

X 線マイクロアナライザ（EPMA：electron prove microanalyzer）は固体に電子線を照射して，固体表面の微小部分（直径 1 μm 程度）の領域の元素分析を主な目的として使用され，幾何学的表面構造を解析することができる．入射電子のエネルギーは 5〜30 keV である．電子ビームは電磁レンズで，直径 1 μm 以下に絞って試料に照射する．電子線照射により，試料から X 線や二次電子などが放出する．EPMA では，主として，放出した特性 X 線を利用している．検出された特性 X 線から元素の種類がわかり，その強度から不純物の量が測定できる．EPMA は次の特徴をもつ．

- 特性 X 線の検知から，微小領域の元素分析ができる．
- 一次元や二次元の元素分布がわかる．
- 二次電子と反射電子を検出して，幾何学的な形状を観察できる．
- 非破壊検査である．

6.3 シリコン基板へのリンの拡散方法

Si 基板へ不純物原子を拡散させる拡散源には**表 6.1** に示したように，固体ソース，液体ソース，気体ソースがある．太陽電池の pn 接合を形成する方法に，気体ソースや液体ソースを用いたリンの気相拡散がある．**オキシ塩化リン** $POCl_3$

表 6.1 Si 基板に対する各種不純物ソース

	p 形不純物	n 形不純物	
	B（ボロン，ホウ素）	As（ヒ素）	P（リン）
固体ソース	BN （窒化ホウ素）	As_2O_3 （三酸化二ヒ素）	P_2O_5 （五酸化二リン）
液体ソース	BBr_3 （三臭化ホウ素）	$AsCl_3$ （三塩化ヒ素）	$POCl_3$ （オキシ塩化リン）
気体ソース	B_2H_6 （ジボラン）	AsH_3 （アルシン）	PH_3 （ホスフィン）

6.4 拡散の深さの簡易測定法（ステイン法）

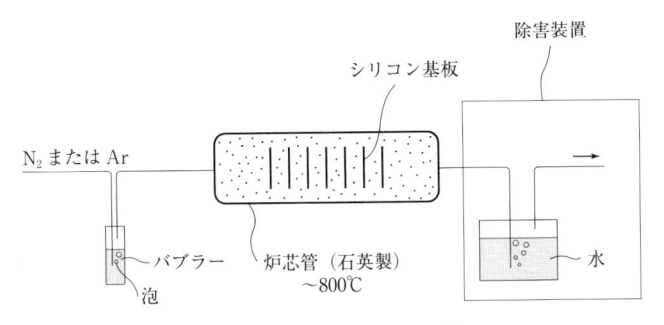

図 6.5 Si 基板へのリンの拡散

は n 形ドーパントである P を拡散させる重要なソースである．$POCl_3$ は液体であるため，図 6.5 に示すように，容器（**バブラー**）に入れ，N_2 または不活性ガス（アルゴンなど）を流して，気体にして拡散炉へ流す．N_2 や不活性ガスを**キャリアガス**という．$POCl_3$ はキャリアガスの泡により気体になる．

$POCl_3$ を用いた拡散法の概要を図 6.5 に示す．このような電気炉を抵抗加熱型電気炉といい，石英製の炉心管が使用される．温度は約 800℃ である．

6.4 拡散の深さの簡易測定法（ステイン法）

半導体基板に形成された pn 接合の深さは AES などで測定できるが，より簡単な方法が**ステイン法**である．図 6.6 に示すように拡散層の表面に傷（溝）をつけ，エッチングする．次に，ステイン液をその傷に浸す．ステイン液と半導体との化学反応の挙動は正孔濃度や電子濃度によって異なる．例えば，0.5% の硝酸 HNO_3 を含むフッ化水素 HF で p 層は黒く変色するが，n 層は変色しない．

この変色は SiO あるいは H_2SiF_6 膜によるといわれている．光学顕微鏡を用いると，p 層と n 層の境界が鮮明にわかるので，拡散層の深さに関する情報が得られる．試料に光を照射しながら測定すると，約 0.1 μm の精度で，pn 接合の深さ

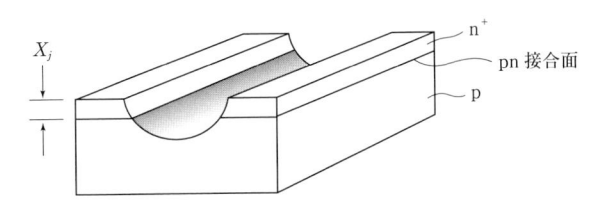

図 6.6 ステイン法による接合の深さの測定

を測定することができる．pn 接合を順方向にバイアスすると，空乏層の幅が小さくなるので，光照射しながら測定すると接合の境界がより鮮明にわかる．

6.5★ 拡 散 理 論

拡散理論は数学的に複雑な学問である．太陽電池研究開発の現場では，拡散理論に沿って開発を進めているわけではないが，拡散理論の概要を述べる．

(1) 拡 散 係 数

拡散の容易さの目安になる物理量が**拡散定数** $D(T)$ である．$D(T)$ は不純物の種類と温度に大きく依存するが，一般に下記のように表される．

$$D(T) = D_0 \exp(-E_a/kT) \tag{6.1}$$

ここで D_0 は E_a がゼロのときの $D(T)$ である．$D(T)$ と D_0 の単位は cm^2/s である．E_a の典型的な大きさは，空格子への拡散の場合 3〜5 eV であり，格子間への拡散の場合，約 0.5〜1.5 eV である．Si 基板へ n 形不純物であるリン P や p 形不純物であるアンチモン Sb が拡散するときの $D(T)$ の温度依存性を**図 6.7**(a)

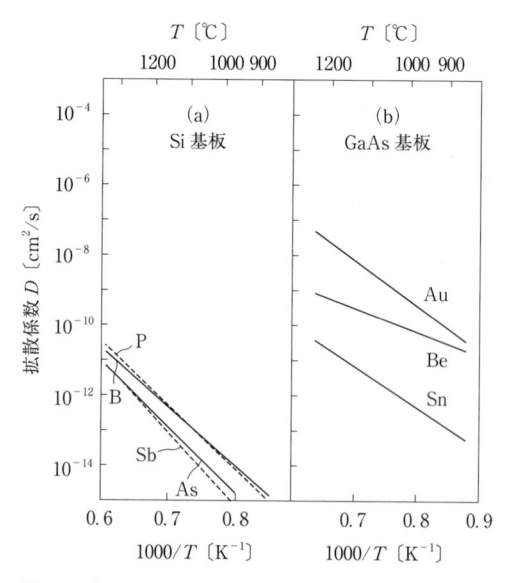

図 6.7 (a) Si 基板および (b) GaAs 基板における不純物拡散係数 $D(T)$ の温度依存性

に示す．比較参考まで，GaAs 基板へベリリウム Be などが拡散するときの $D(T)$ を図 6.7(b) に示す．

(2) 拡散方程式

不純物の拡散理論は古くから研究されている．**図 6.8** に示すように，単位面積を不純物が拡散すると仮定する．拡散の方向に垂直な単位面積を単位時間に拡散する不純物原子の数 F は次式で表され，**フィック（Fick）の法則**という．

$$F = -D\partial C(x,t)/\partial x \tag{6.2}$$

ここで $C(x,t)$ は単位体積あたりの不純物の数である．この式からわかるように，拡散は不純物濃度が場所によって不均一であるために起こる．図 6.8 において，x と $x+\Delta x$ の間に存在する不純物の量は次のように表される．

$$\frac{\text{単位面積あたりの不純物原子の増加}}{\text{単位時間}} = \Delta x \cdot \partial C/\partial t$$

$$= F_{\text{in}} - F_{\text{out}}$$

$$= F(x) - F(x+\Delta x) \tag{6.3}$$

数学的な詳細は省略するが，式 (6.3) の左辺（単位時間単位面積あたりの不純物原子の増加）は $\Delta x \cdot \partial C/\partial t$ に等しい．一方，式 (6.2) を用いると，式 (6.3) の右辺は次のように求められる．

$$F(x) - F(x+\Delta x) = D\partial^2 C(x,t)/\partial x^2 \cdot \Delta x \tag{6.4}$$

式 (6.3) と式 (6.4) から次式が得られ，**フィックの拡散方程式**という．

$$\partial C/\partial t = D\partial^2 C/\partial x^2 \tag{6.5}$$

(3) 拡散の深さ方向の分布

半導体基板に，ある種の不純物を拡散させる場合，2 つの異なる条件がある．その 1 つは基板表面での不純物濃度が常に一定とした条件である．他の条件は，

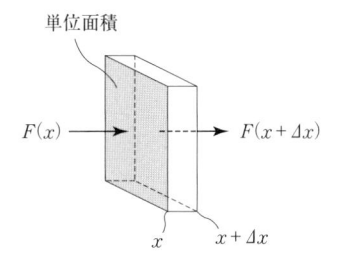

図 6.8 拡散層における体積要素

拡散する不純物の原子数を一定とした拡散である．例えば，基板の表面に一定量の銀をコートして拡散させる場合がこれに該当する．もう1つの例は，シリコン基板に拡散したリンPの全原子数を一定（基板の表面 1 cm^2 あたり N_{tot} 個）とした拡散である．この場合，リンの濃度分布例を図 6.9 に示す．このような曲線は式（6.5）から知見が得られるが，実際に起こる拡散挙動は基板の結晶性，温度，時間などに複雑に依存する．そのため，太陽電池の研究開発では，拡散濃度分布は AES などで確認することが多い．このような理由から，拡散理論の詳細を省略する．

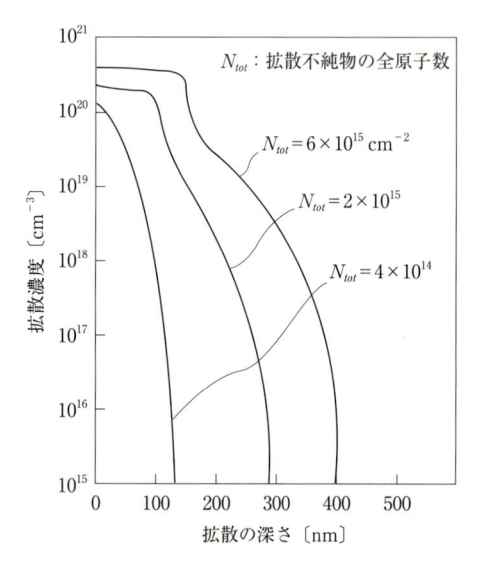

図 6.9 シリコン基板にリンPを拡散させた実験例

7
太陽電池の発電原理

太陽電池の特性で，最も重要なのが電気的特性である．本章では電流電圧特性の基礎を述べる．

7.1 太陽電池のバンド構造

(1) pn接合をもつ太陽電池

結晶Si系太陽電池の断面構造は図1.2(a)に示したように，pn接合である．太陽電池の発電機構を定性的に説明する．pn接合をもつ太陽電池のバンド構造例を図7.1(a)に示す．太陽電池に，外部から光を照射すると，光子が充満帯（価電子帯）の電子に衝突し，電子にエネルギーを与える．その結果，電子は伝導帯へ励起する．励起した電子はエネルギーが低い右のほうへ流れる．一方，正孔にとっては上のほうがエネルギーが低いので，左上のほうへ流れる．pn接合と逆であるnp接合をもつ太陽電池のバンド構造を図7.1(b)に示すが，電子と正孔の動きは同様に理解される．

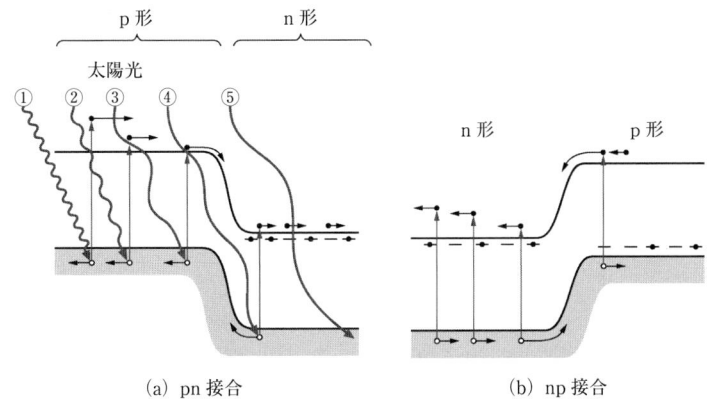

図7.1 光照射による太陽電池の発電

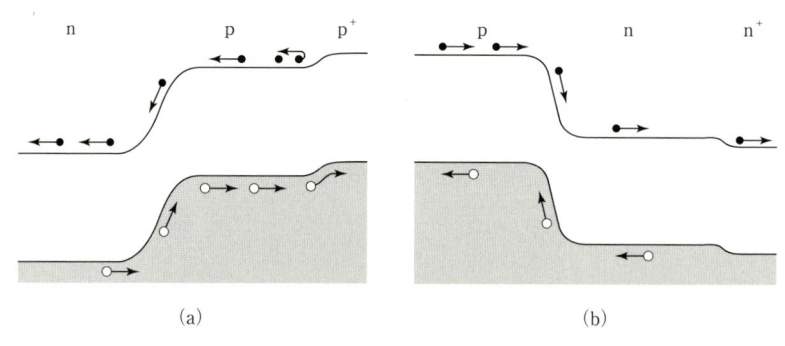

図 7.2　BSF 形太陽電池のバンド構造

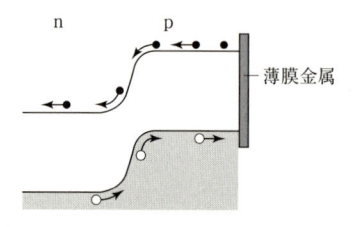

図 7.3　BSR 形太陽電池の構造

(2)　BSF 形太陽電池

太陽電池市場で主流である結晶 Si 系太陽電池の構造は表面からみて，np 接合である．図 7.2(a) に示すように，電子および正孔を流れやすくするため，p 層の下に薄い p^+ 層を形成した構造の太陽電池がある．この種の太陽電池を **BSF**（back surface field）**形太陽電池**という．この種のバンド構造を npp^+ と書く．図 7.2(b) に示した pn 接合太陽電池の場合は，n 層の下に n^+ を形成するので，構造は pnn^+ となる．

(3)　BSR 形太陽電池

太陽光の吸収度合いをよくするために，図 7.3 に示すように，p 層の裏に薄膜金属を蒸着した太陽電池がある．この形態の太陽電池を **BSR**（back surface reflection）**形太陽電池**という．この金属板で入射した光子が反射されるので，効率が向上する．

7.2 太陽電池の電流電圧（*I-V*）特性

(1) 太陽電池の電流と電圧の方向

太陽電池の基本構造はダイオードと同じ pn 接合である．ただし，ダイオードの場合は，光を外部から照射しないが，太陽電池には光を照射する．第5章の図5.29 に pn 接合ダイオードの電流電圧特性（*I-V* 特性）を示した．このようなダイオード曲線は太陽電池の電流電圧特性（*I-V* 特性）を理解するのに役立つ．はじめに，太陽電池を流れる電流と電圧の方向(正負)を明確に定義する．**図 7.4**(a) に示した**順方向バイアス**時に流れる電流と電圧の方向を正（またはプラス）の方向と定義し，図 7.4(b) に示した**逆バイアス**時の電流と電圧の方向を負（またはマイナス）の方向と定義する．

(2) 開放電圧 V_{oc}

図 **7.5**(a) に示すように pn 接合端子を**開放状態**にして光を照射する．開放状態とは太陽電池の外部回路に電流が流れない状態をいう．電流を流れなくするには，外部回路のスイッチを OFF にすればよい．光照射により，p 層の伝導帯に励起した電子は n 層へ向かって流れる．しかし，このような電子の流れは無限に続くとは限らない．ある程度の電子が n 層に溜まると，電子は拡散によって p 層へ流れようとする．電子が n 層から p 層へ流れようとする理由は，図 7.5(a) に示すように，n 層のフェルミ準位が上のほうへ持ち上がるからである．フェルミ準位に注目すると，この様子は，図 5.29 に示した順方向バイアスと同じである．このように，回路を開放した状態で測定される最大電圧を**開放電圧**といい，V_{oc}

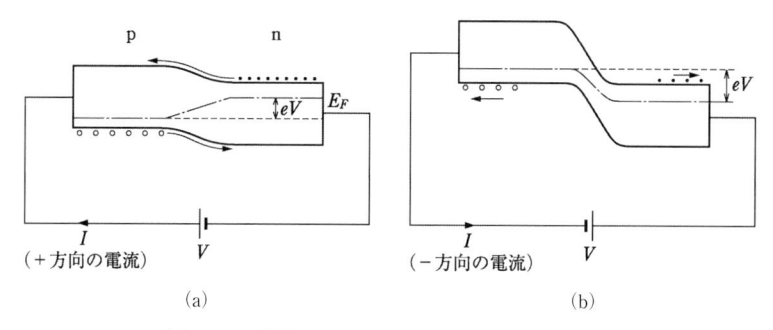

図 7.4 pn 接合ダイオードの電流と電圧の方向の定義

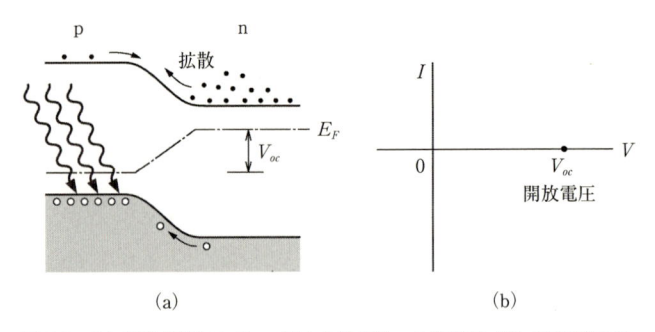

図 7.5 (a) 開放状態にある pn 接合太陽電池への光照射 (b) 開放電圧 V_{oc}

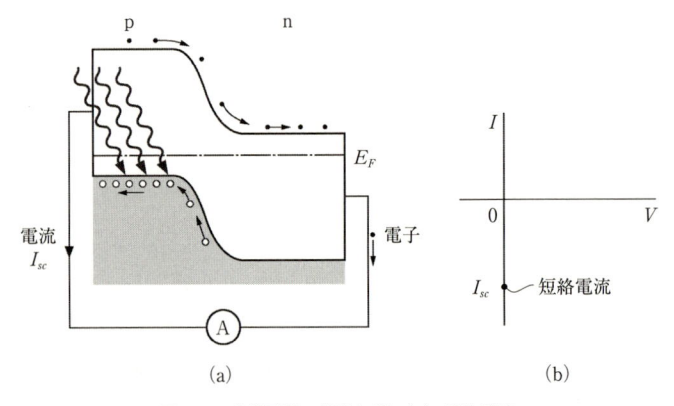

図 7.6 太陽電池の短絡回路 (b) 短絡電流

で表す．oc は open circuit の略称である．V_{oc} が測定されるとき，電流はゼロなので，V_{oc} を I-V 座標に示すと，図 7.5(b) のように示される．なお，以上の説明から，太陽電池で電力を稼ぐのは p 層の伝導電子と n 層の正孔である．p 層の電子と n 層の正孔は少数キャリアである．このように，太陽電池では，電力を稼ぐのは**少数キャリア**であり**多数キャリア**でないことに注意されたい．そのため，太陽電池を**少数キャリアデバイス**ともいう．

(3) 短 絡 電 流

図 7.6(a) に示すように，pn 接合を短絡すると，回路に電流が流れる．この電流を**短絡電流** I_{sc} という．sc は short circuit を表す．I_{sc} は太陽電池から流れる電流の最大値であるため，**光発生電流**ともいい，I_{ph} と記すこともある．光照射により，p 層の価電子帯から伝導帯に励起した電子は n 層へ継続して流れるので，

外部回路に電流 I_{sc} が流れ続ける．ここで，電流の流れる方向は図 5.28 に示した逆方向バイアスと同じである．したがって電流 I_{sc} は図 7.6(b) に示すように電流（I 軸）のマイナス側にある．

(4) I-V 特性

太陽電池の実用化では，**図 7.7**(a) に示したように，回路に負荷（抵抗 R）を接続する．抵抗 R の両端の電圧 V と R を流れる電流 I との関係について述べる．まず，図 7.7(b) の第 4 象限に示した I-V 曲線の上下を逆にし，図 7.7(c) のように描くとわかりやすい．次に I-V 曲線を具体的に描くためのデータのとり方について述べる．図 7.7(a) に示した抵抗 R を変えながら I と V を測定し，得られたデータをプロットすることにより，図 7.7(c) に示した I-V 曲線が得られる．なお，オームの法則により I と V には次の関係がある．

$$I = V/R \tag{7.1}$$

式 (7.1) の I と V との関係を図 7.7(c) に直線で示す．この直線の傾きは上式から明らかなように $1/R$ である．R が無限大のとき，傾き $1/R$ はゼロとなる．このとき測定された電圧 V が V_{oc} である．次に R がゼロのとき，すなわち短絡回路のとき，傾きは無限大になる．このとき測定された I が I_{sc} を与える．このように R を変えながら I と V を測定することにより，図 7.7(c) に示したような I-V 曲線が得られる．

(5) 太陽電池の出力

図 7.7(c) に示した曲線を**図 7.8**(a) に描きなおす．同図に示した I-V 曲線上の任意の点での**太陽電池の出力** P は I と V の積であり，次のように与えられる．

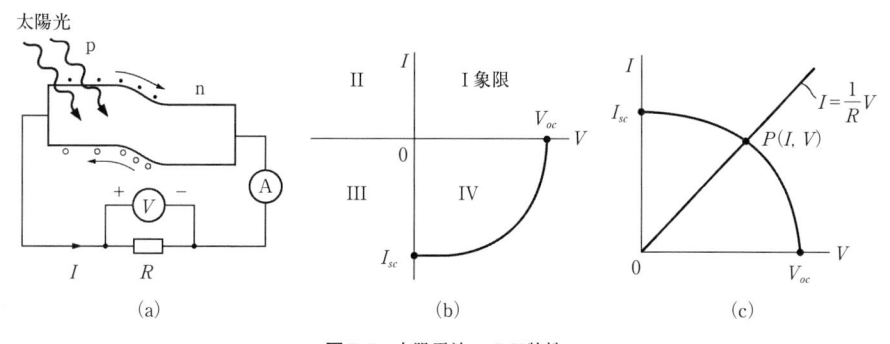

図 7.7 太陽電池の I-V 特性

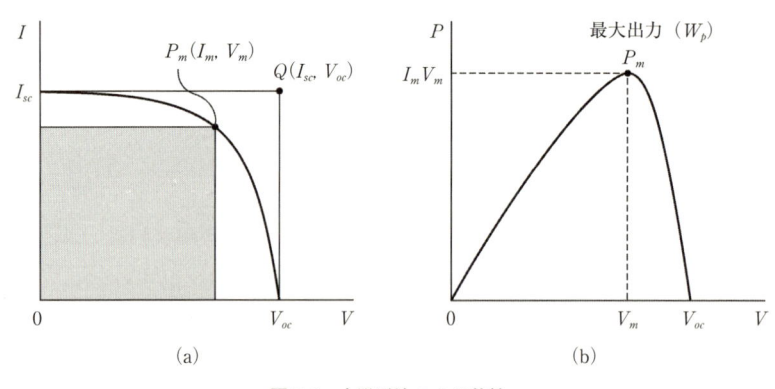

図 7.8 太陽電池の I-V 特性

なお，P の単位はワット〔W〕である．
$$P = IV \tag{7.2}$$
出力 $P(=IV)$ 曲線を図 7.8(b) に示す．同図で出力 P が最大になる点 $P_m(I_m, V_m)$ は，図 7.8(a) に示した矩形の面積（$=IV$）が最大になる点である．点 P_m での電流 I_m，電圧 V_m，出力 P_m をそれぞれ**最大出力電流**，**最大出力電圧**，**最大出力**というが，これらをそれぞれ**最適電流**，**最適電圧**および**最適電力**ということもある．P_m は次式で与えられる．なお，P_m を W_p と記すこともある．
$$P_m = I_m V_m \tag{7.3}$$
次に，図 7.8(a) において，辺の長さが I_m および V_m である矩形の面積と辺の長さが I_{sc} および V_{oc} の矩形の面積の比を考える．この面積比の百分率を**曲線因子**（あるいは**フィルファクタ**）といい，**FF**（filling factor）で表す．
$$FF = (I_m V_m / I_{sc} V_{oc}) \times 100\% \tag{7.4}$$
短絡電流 I_{sc}，開放電圧 V_{oc}，曲線因子 FF は太陽電池出力に影響する 3 大要因である．結晶 Si 系太陽電池の典型的な FF 値は 75〜85% である．

7.3 I-V 特性に影響を及ぼす因子

(1) 再結合速度

太陽電池の出力の担い手は伝導帯の電子と価電子帯の正孔であるが，図 7.9 に示すように，伝導帯の電子が価電子帯の正孔と結合することがある．このような結合を**再結合**という．再結合により，太陽電池の出力が低下する．再結合が起こ

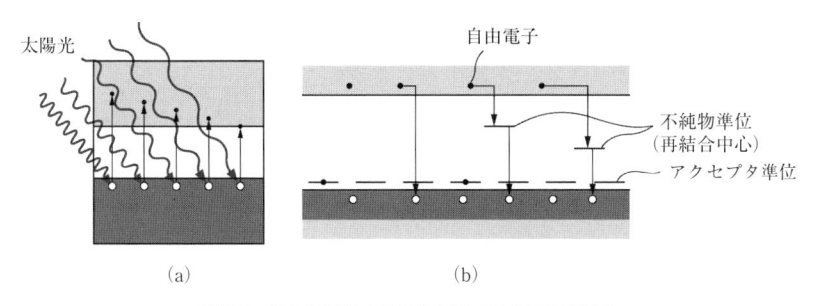

図7.9 光の照射による正孔と電子の生成と再結合

る確率の大きさを**再結合速度**という．以下，これらについて定性的に説明する．まず，図7.9(a)に示すように，半導体に太陽光を照射する．すでに述べたように，振動数νの光子のエネルギーは$h\nu$である．$h\nu$が禁止帯の幅E_gより小さいと，光は吸収されず深くまで透過する．このような光子は正孔と電子の対を生成しない．光子のエネルギー$h\nu$がE_gより大きい場合は，照射した光子が価電子帯の電子に衝突すると，電子は伝導帯へ励起し，図7.9(b)に示すように自由電子となる．自由電子は禁止帯にある**不純物準位**に遷移し，価電子帯の正孔と結合することがある．なお，ここでの「不純物」は人為的に添加しない不純物や結晶欠陥をいう．このような再結合を起こさせる不純物準位を**再結合中心**といい，太陽電池の出力を低下させる原因となる．伝導帯に励起した電子が再結合するまで移動（拡散）した距離を**拡散長**というが，拡散長の大きさは半導体の種類や不純物濃度によって異なる．半導体SiとGaAsの典型的な拡散長はそれぞれ100 μmおよび1 μm程度である．SiとGaAsの拡散長が大きく異なるのは，下記7.3.(2)項に述べるように，電子の遷移の仕方が異なるからである．

(2) 各種半導体のキャリアの拡散長

拡散長は再結合速度に依存する．再結合速度は不純物濃度に依存するが，バンド構造にも大きく依存する．以下，その詳細を述べる．**図7.10**に示すように，速度Vで運動している質量mの粒子を考える．この粒子のエネルギーEは次のように与えられる．kは運動量$\boldsymbol{k}$の大きさである．

$$E = \frac{mV^2}{2} = \frac{k^2}{2m} \tag{7.5}$$

$$k = mV \tag{7.6}$$

一般に，エネルギーEを運動量座標で表すことができる．式(7.5)のEをk

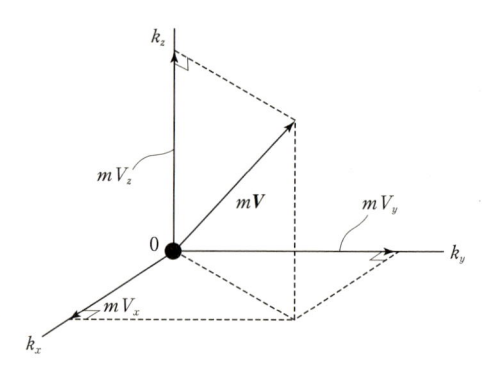

図 7.10 運動量 (k) 空間

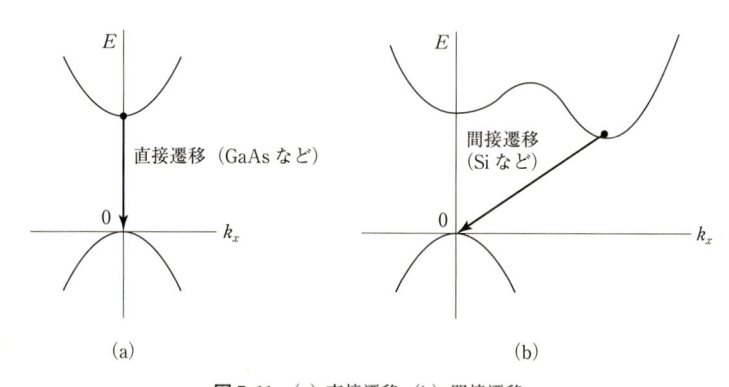

図 7.11 (a) 直接遷移 (b) 間接遷移

に対してプロットすると図 7.11(a) に示すような放物線になる．半導体 GaAs のバンド構造はこのようになる．一般に半導体のエネルギーバンド構造は k 空間で複雑である．図 7.11(b) は Si のバンド構造を定性的に示したものである．

(i) 直接遷移形半導体

図 7.11(a) では，電子が遷移するとき，運動量の変化がない．このような遷移を**直接遷移**といい，その種の半導体を**直接遷移形半導体**という．GaAs はこの種の半導体である．

(ii) 間接遷移形半導体

図 7.11(b) に示した遷移では，エネルギー E だけでなく，運動量も変化しなければならない．このように，2 つの物理量が変化するため，再結合速度が遅く

なり，拡散長が長くなる．このような遷移を**間接遷移**といい，その種の半導体を**間接遷移形半導体**という．シリコン半導体はこの種の半導体の代表例である．以上の説明から，Si半導体の拡散長がGaAsに比べて長いことが定性的に理解されよう．

(3) 太陽電池の出力に影響を与える拡散長

ここまでは，pn接合を考えてきたが，最近の結晶Si系太陽電池の構造は図7.12(a)に示すようにnp接合が多い．波長が比較的長い光は太陽電池の深くまで浸透するが，波長が短い光の浸透の深さは浅い．光によって伝導帯に励起した電子は伝導帯を伝導するが，図7.12(b)に示したように再結合するものもある．伝導電子の拡散長が短くなると，伝導帯に励起した電子がnp接合まで到達する前に再結合することがある．

(4) 内部抵抗

太陽電池の内部にはいくつかの種類の抵抗がある．これらを**内部抵抗**といい，太陽電池出力低下の原因となる．

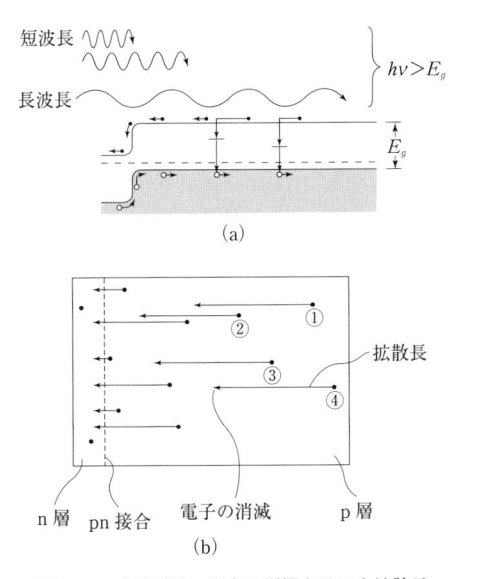

図7.12 太陽電池の出力に影響を及ぼす拡散長

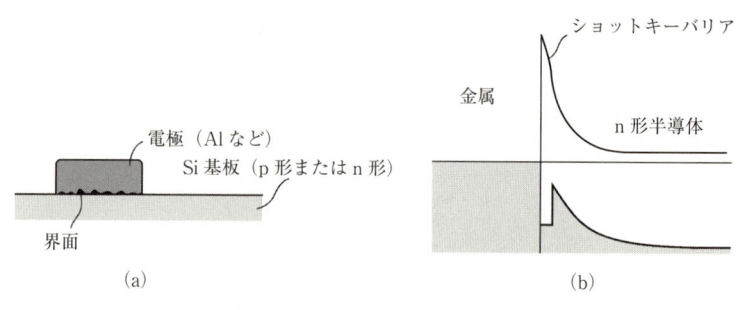

図 7.13 (a) 電極と基板の界面 (b) ショットキー障壁

(i) 基板の抵抗

太陽電池用のシリコン基板の典型的な厚さは 200 μm であり，あらかじめ p 形不純物あるいは n 形不純物が添加されている．最近は，ボロン B が添加された p 形基板がよく使用されている．不純物濃度が大きいと抵抗は小さくなる．結晶 Si 系太陽電池基板の比抵抗は p 形か n 形かによって幾分異なるが，目安として 0.01〜100 Ω cm の範囲である．p 形不純物 B を，例えば，10^{18} cm^{-3} 添加した基板の比抵抗は 0.1 Ω cm 程度である．

(ii) 直列抵抗

太陽電池の基板と電極の界面を微視的にみると，**図 7.13**(a) に示すように接触不良の部分がある．こうした不良は抵抗の原因となる．さらに，半導体と金属の界面には図 7.13(b) に示すように，**ショットキー障壁**（または**ショットキーバリア**ともいう）があり，抵抗の原因となる．

ショットキー障壁が抵抗となり電子の流れが悪くなる．ショットキー障壁をできるだけ抑制するために，第3の物質（例えばインジウム In）を界面に挿入することがある．抵抗には以上のほかに**電極フィンガー**による抵抗（**配線抵抗**ともいう）もある．結晶 Si 系太陽電池の表面には図1.1に示したように，くし形電極がある．電流は細いフィンガーを流れるが，フィンガーは抵抗を有する．配線抵抗を少なくするため，フィンガーを広くすると受光面積が減少し効率が低下する．したがって，太陽電池の作製には，電極形状の最適化が不可欠である．以上で述べた直列抵抗率の合計は典型的に 0.5 Ω cm 程度である．

(5) シャント抵抗（あるいは並列抵抗）

太陽電池には**シャント抵抗**（**並列抵抗**ともいう）がある．例えば，**図 7.14** に示すように pn 接合の端に不純物（人為的にドープしないもの）や結晶欠陥があ

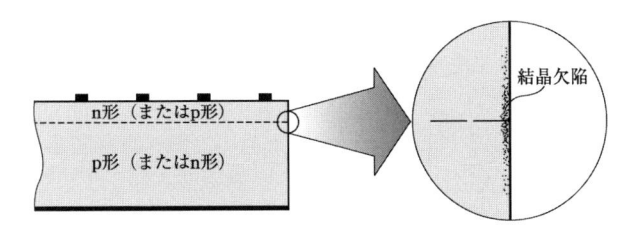

図 7.14　太陽電池のシャント抵抗の一例

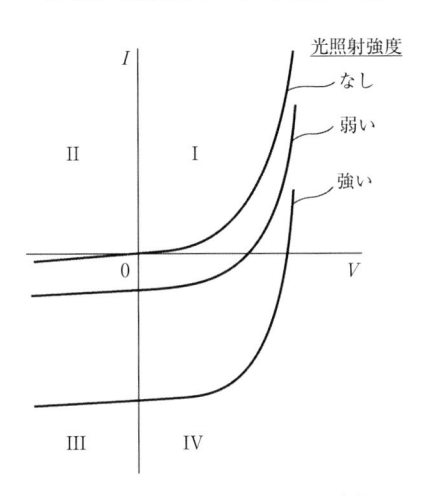

図 7.15　I-V 特性の光照射強度依存性

ると，これらは pn 接合を短絡するように作用し，太陽電池出力を低下させる原因となる．

(6)　光照射強度依存性

　太陽電池の I-V 特性および出力は光の照射強度に依存する．この依存性を定性的に**図 7.15** に示す．同図からわかるように，照射強度が大きくなると，開放電圧，短絡電流および曲線因子が大きくなる．太陽光を集光して太陽電池に照射するやり方を**集光形太陽電池**というが，こうした太陽電池の変換効率が向上するのは，図 7.15 から定性的に理解できる．

7.4　太陽電池の等価回路

直列抵抗およびシャント抵抗をもつ太陽電池の等価回路を図 7.16 に示す．同図に示すように，直列抵抗とシャント抵抗を太陽電池と独立させて図示すると便利である．理想的な太陽電池では直列抵抗がゼロで，シャント抵抗が無限大である．以下，直列抵抗およびシャント抵抗が太陽電池の I-V 特性に与える影響を述べる．

(1)　直列抵抗の影響

図 7.17(a) に示すように，太陽電池の内部抵抗を r_s とする．r_s がゼロのときの I-V 曲線を図 7.17(b) の第 4 象限に示す．図 7.17(a) に示したように，r_s による電圧降下を V_s とすると，負荷抵抗 R の両端の電圧は V_s だけ低下する．r_s を

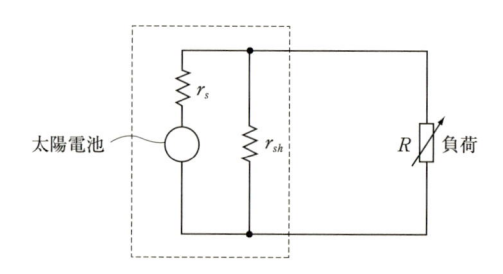

図 7.16　シャント抵抗をもつ太陽電池の等価回路

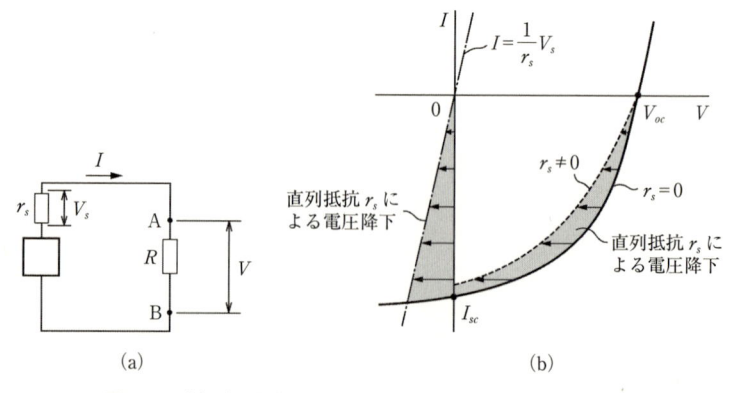

図 7.17　(a) 直列抵抗をもつ太陽電池の等価回路　(b) I-V 特性

流れる電流 I と V_s には次の関係がある.

$$I = V_s/r_s \tag{7.7}$$

この関係式を図 7.17(b) に示す（第 3 象限の鎖線参照）. r_s による電圧降下 V_s を影で示した. r_s がゼロのときの I-V 曲線から影の部分を差し引くと, r_s をもつ太陽電池の I-V 曲線が得られる（第 4 象限の破線参照）. 図 7.17(b) から明らかに, r_s は最大出力を低下させ, さらに曲線因子 FF も低下させることがわかる.

(2) シャント抵抗の影響

シャント抵抗 r_{sh} を有する太陽電池の等価回路を**図 7.18**(a) に示す. 同図に示すように, 電流 I は負荷抵抗 R を流れる電流 I_R とシャント抵抗を流れる電流 I_{sh} に分かれるので I_R が減少する. r_{sh} を流れる電流 I_{sh} は次式で与えられる.

$$I_{sh} = V/r_{sh} \tag{7.8}$$

上式を図 7.18(b) の第 1 象限の鎖線で示す. 第 1 象限の影の部分は r_{sh} による電流の漏れである. 理想的な太陽電池では r_{sh} は無限大である. 無限大の r_{sh} に対応する I-V 曲線（第 4 象限の曲線）から影の部分を差し引くと, 第 4 象限に示した破線が得られる. 同図から, シャント抵抗により太陽電池の電流, 電圧, 曲線因子が低下することがわかる.

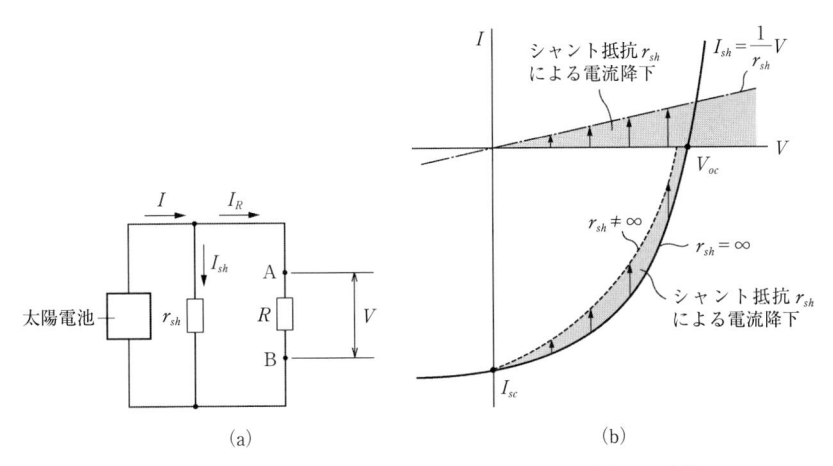

図 7.18　(a) シャント抵抗をもつ太陽電池の等価回路　(b) I-V 特性

7.5★ *I–V* 曲線の数学的記述

以上では *I–V* 特性を定性的に説明したが，本節では *I–V* 曲線を数学的に説明する．直列抵抗およびシャント抵抗をもつ太陽電池の等価回路を図 7.19 に示す．同図に，それぞれの回路を流れる電流および電圧を示した．

光照射により，pn 接合内に発生する電流（光発生電流）を I_{ph} とし，接合両端の電圧を V_J とする．I_{ph} は短絡電流に等しいため I_{sc} と記すこともある．r_s は直列抵抗で，両端の電圧を V_s とする．負荷抵抗 R を流れる電流を I_L とし，電圧を V_L とする．これらの電流電圧には次の関係式が成り立つ．

$$V_J = V_s + V_L \tag{7.9}$$

$$V_s = r_s I_L \tag{7.10}$$

$$V_L = R I_L \tag{7.11}$$

$$I_L = I_{ph} - I_D - I_{sh} \tag{7.12}$$

I_{ph} は光子によって生成する電子と正孔の対の数に比例し，pn 接合にかかる電圧に依存しない．I_{ph} は図 7.20(a) に示すように，第 4 象限で一定で，短絡電流 I_{sc} に等しい．I_D は暗状態のとき接合を流れる電流であり，図 7.20(b) のようになる．I_D は Shockley らにより研究され，次のように与えられる．

$$I_D = I_0 [\exp(qV_J / BkT) - 1] \tag{7.13}$$

ここで，係数 B は**接合の良否に依存する因子**で **junction perfection factor** という．

I_{ph}：光照射で発生した接合内の電流
I_D：暗電流
I_{sh}：シャント抵抗を流れる電流
I_L：負荷を流れる電流
V_L：負荷両端の電圧
V_J：pn 接合両端の電圧
　　　（$= V_s + V_L$）

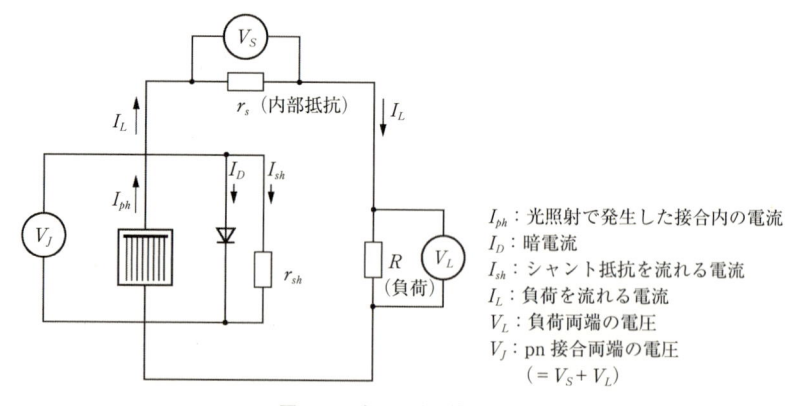

図 7.19 太陽電池の等価回路

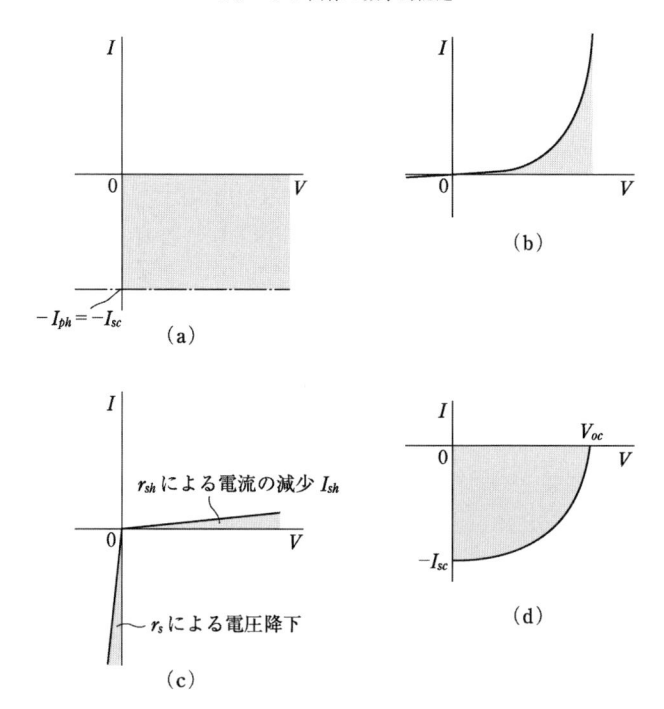

図 7.20 (a) 光照射により pn 接合に発生する電流 I_{ph}
(b) 暗状態での pn 接合の I-V 特性
(c) I-V 特性へのシャント抵抗 r_{sh} の影響
(d) I-V 特性への負荷抵抗 R の影響

式 (7.13) はすでに式 (5.7) で述べたが，式 (5.7) では kT の前に因子 B が入っていなかった．完全な pn 接合の場合，B は 1 に等しく，開放電圧 V_{oc} は最大となる．著者によっては記号 B でなく A を用いることもある．I_0 は**暗電流**といい，主として禁止帯の大きさ E_g と温度に依存する．E_g が大きくなると，I_0 は小さくなるが V_{oc} は逆に増加する．また，温度が低くなるに伴い，I_0 は小さくなり，V_{oc} は増大する．q は電子の電荷である．シャント抵抗 r_{sh} およびシャント電流 I_{sh} には次の関係がある．

$$I_{sh} = V_J/r_{sh} \tag{7.14}$$

なお V_J は pn 接合内部の電圧であるため，直接観測できない．I_{sh} はシャント抵抗を流れる電流で，その I-V 特性を図 7.18(b) に示したが，再度，図 7.20(c) に示す．式 (7.13) および (7.14) を式 (7.12) に代入すると I_L に関する次式

が得られる．

$$I_L = I_{ph} - I_0 \left[\exp\left\{ \frac{q(r_s I_L + V_L)}{BkT} \right\} - 1 \right] - I_{sh} \tag{7.15}$$

上式は太陽電池の負荷を流れる電流の一般式である．この式を定性的に描くと図7.20(d)のようになる．式（7.15）の右辺第2項が図7.20(b)に対応し，第3項が図7.20(c)（第1象限参照）に対応する．太陽電池の負荷に対するI-V曲線は，図7.20(a)に示した$I_{ph}(=I_{sc})$から同図(b)および(c)に示した影の部分を差し引くことによって得られ，最終的に図(d)のような曲線になる．太陽電池の出力を大きくするには暗電流I_Dおよびシャント電流I_{sh}が小さいことが望ましい．

式（7.15）は一般式であるため，実務レベルでの太陽電池I-V特性に応用するには複雑すぎる．実務レベルでのI-V特性は，式（7.15）に表れる記号などを下記のように変更するとわかりやすい．

$$I_L = I, \quad V_L = V, \quad I_{ph} = I_{sc}, \quad r_s = 0, \quad r_{sh} = \infty$$

以上の条件で，式（7.15）は次のようになる．

$$I = I_{sc} - I_0 \left[\exp\left(\frac{qV}{BkT} \right) - 1 \right] \tag{7.16}$$

上式で$I=0$とおくと，V_{oc}とI_{sc}の関係式が得られる．

$$V_{oc} = \frac{BkT}{q} \ln\left(\frac{I_{sc}}{I_0} + 1 \right) \tag{7.17}$$

次に，暗電流I_0の大きさの目安を知るために，具体的にI_0を計算する．まず，係数（junction perfection factor）Bはpn接合の良否にかかわるもので，1のときV_{oc}は最大になるので，Bを1とする．その他，以下に与えたような太陽電池の典型的な数値および定数を式（7.17）に代入する．

$$\left. \begin{array}{l} V_{oc} = 0.5 \text{ V}, \quad B = 1, \quad k = 8.62 \times 10^{-5} \text{ eV/K}, \\ T = 300 \text{ K}, \quad I_{sc} = 30 \text{ mA/cm}^2 \end{array} \right\} \tag{7.18}$$

kとして1.38×10^{-23} J/Kを用いてもよいが，上記の単位を用いると，式（7.16）のexpに現れるeVのeと分母のqが消去し合うので計算が容易になる．最終的にI_0の大きさは0.1 nA/cm^{2}となる．

7.6　太陽電池内部でのキャリア生成度合い

pn接合の結晶Si系太陽電池の内部でキャリアがどのような度合いで生成するかを述べる．P. Rappaportは，n形シリコン基板上にp層を形成した構造（pn接合）

の太陽電池に定エネルギーをもつ光を照射した．pn 接合の深さは数 μm である．定エネルギーとは，図 4.13 に示したように，入射光のエネルギースペクトルが太陽光スペクトルと異なり一定である．p 層および n 層におけるキャリアの生成度合いを図 4.14 に示した．なお，Rappaport の論文は太陽電池に関する最も古い論文の 1 つである．最近の Si 太陽電池のほとんどが np 接合である．この場合，類似の分光感度特性が得られるが，接合の深さによって幾分変わる．

7.7★ 開放電圧 V_{oc} の数学的記述

開放電圧 V_{oc} に関する詳細な数学的表現は非常に複雑であるが，ベル研究所 M. B. Prince の論文に掲載されている．この論文は，同研究所の Chapin らが pn 接合 Si 太陽電池を発表した翌年の 1955 年に発表された．Prince の論文では，n 形基板上に p 層を形成した pn 接合太陽電池を扱っている．Prince の結果を利用して np 接合太陽電池の V_{oc} を以下に述べるが，原著の記号 p と n を逆転し，さらにキャリアである電子と正孔も逆にしたので注意されたい．

$$V_{op} = 0.0575 \log_{10} I_{ph} \left\{ \frac{0.062 e^{39 E_g}}{\rho_p \mu_p} \left(\frac{\tau_n}{D_n} \right)^{\frac{1}{2}} \right\} \tag{7.19}$$

ここで

J_{ph}：光発生電流 $I_{ph}(=I_{sc})$ の電流密度〔A/cm^2〕
E_g：禁止帯幅〔V〕
ρ_p：p 基板の比抵抗〔Ω cm〕
μ_p：p 基板の正孔の移動度〔cm^2/V s〕
τ_n：p 基板の電子の寿命〔s〕
D_n：p 基板の電子の拡散係数〔cm^2/s〕

式 (7.19) からわかるように，開放電圧 V_{op} は禁止帯の幅 E_g に依存する．一般に，太陽電池の V_{op} は E_g より小さく，これを**開放電圧ファクタ**という．太陽電池が入射光エネルギーを有効に利用できない原因の 1 つが開放電圧ファクタである（図 5.27 参照）．

7.8★ 太陽電池の直列抵抗

図 7.21(a) に示した np 接合太陽電池の直列抵抗 r_s について述べる．直列抵抗 r_s はグリッドによる直列抵抗 r_{grid}，n 層の直列抵抗 r_n，および p 層の直列抵抗 r_p

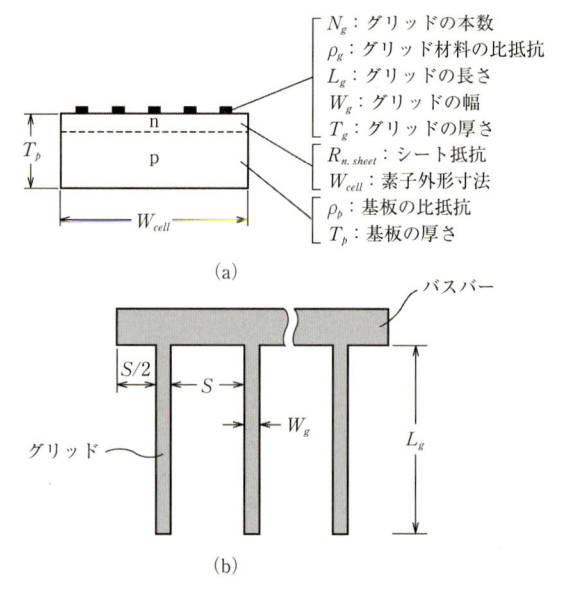

図 7.21 (a) 太陽電池の断面構造 (b) 電極パターン

の和に等しい. 各層の物理量を図 7.21(a) に示した. これらを用いると, r_s は次式のように与えられる.

$$r_s = r_{grid} + r_n + r_p$$
$$= \frac{1}{N_g} \cdot \frac{\rho_g L_g}{W_g T_g} + \frac{1}{N_g^2} \cdot \frac{R_{n,sheet} W_{cell}}{qL_g} + \rho_p \frac{T_p}{W_{cell}^2} \tag{7.20}$$

7.9★ 太陽電池の電極パターンの設計

結晶 Si 系太陽電池などを作製する場合, 電極形状の最適設計がある. 図 7.21(b) に示した, くし形電極のグリッド幅 W_g およびグリッド間隔 S の最適値の求め方を述べる. 直列抵抗 (series resistance) に関するこの種の論文は 1963 年, M. Wolf が発表した. Wolf によると, np 接合太陽電池の W_g および S の最適値は次のように与えられる.

$$W_g = 2^{5/4} \frac{R_{g,sheet}^{3/4}}{R_{n,sheet}} (B'C'J_0 e^{B'V})^{1/4} L_g^{3/2} \tag{7.21}$$

$$S = \left(\frac{2W_g}{B'C'R_{n,sheet}J_0 e^{B'V}}\right)^{1/3} - \frac{2W_g}{3} \tag{7.22}$$

ここで，B' および C' は次式で与えられる．

$$B' = \frac{q}{BkT} \tag{7.23}$$

$$C' = 1 - \frac{I_0}{I_{ph}}(e^{B'V} - 1) \tag{7.24}$$

$$I_0 = J_0 L_g W_{cell} \tag{7.25}$$

$$I_{ph} = I_{sc} \tag{7.26}$$

$R_{g,sheet}$：グリッドの**表面抵抗（シート抵抗ともいう）**〔Ω/□〕
$R_{n,sheet}$：n層の表面抵抗〔Ω/□〕
I_0：飽和電流（暗電流）〔A〕
J_0：飽和電流密度〔A/cm^2〕

Wolf は上記の式を用いて Si 太陽電池（サイズ：1 cm×2 cm）に応用し，以下の結果を得た：グリッド幅 W_g ＝約 60 μm，間隔 S ＝約 4 mm，グリッド総数＝5本．

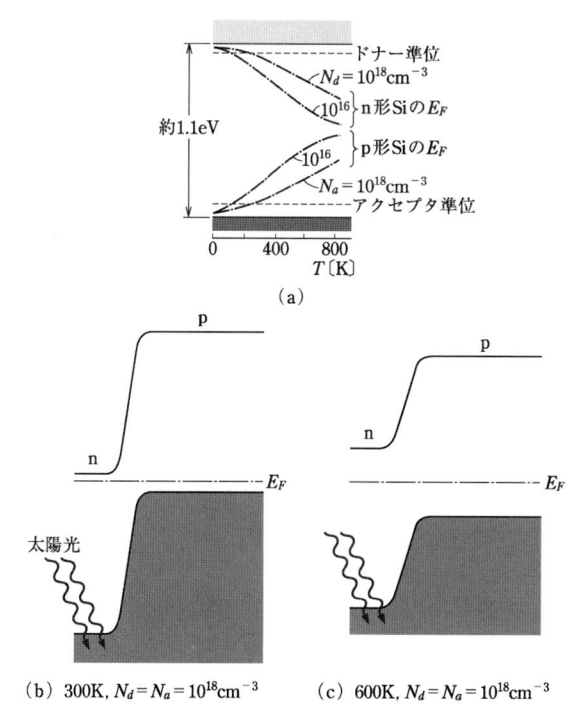

図 7.22 (a) フェルミ準位の温度依存性 (b) 室温（300 K）におけるpn接合 (c) 高温（600 K）におけるpn接合

現在，市販されている結晶 Si 系太陽電池（サイズ：125 mm×125 mm）のグリッド間隔 S の典型値は約 2.27 mm である．

7.10 太陽電池出力特性の温度依存性

太陽電池モジュールの温度は季節や地域によって変動するが，暑い季節には約 50℃ にもなり，寒冷地では -40℃ にもなる．太陽電池特性の温度依存性を知っておくことは重要である．はじめにフェルミ準位 E_F の温度依存性を定性的に説明する．フェルミ準位 E_F は昇温に伴い禁止帯の中央へ移動する．その詳しい理由については『電子物性とデバイス工学』（菅原和士著）に記載したので参照されたい．図 7.22(a) に n 形半導体および p 形半導体のフェルミ準位 E_F の温度依存性を定性的に示す．図 7.22(b) および (c) に，室温および高温（例えば約 600 K）における pn 接合のバンド構造を定性的に示す．両図では，ドナー濃度 N_d とアクセプタ濃度 N_a が等しく 10^{18} cm^{-3} と仮定した．両図のフェルミ準位が

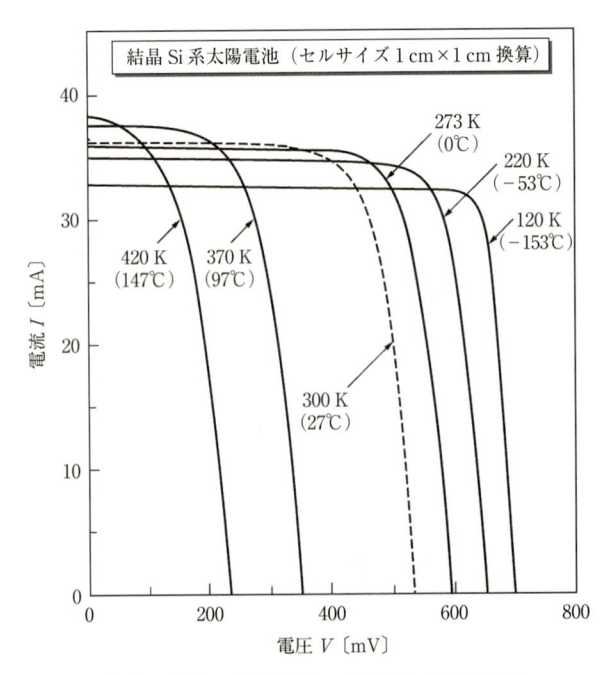

図 7.23 結晶 Si 系太陽電池の I-V 特性の温度依存性

7.10 太陽電池出力特性の温度依存性

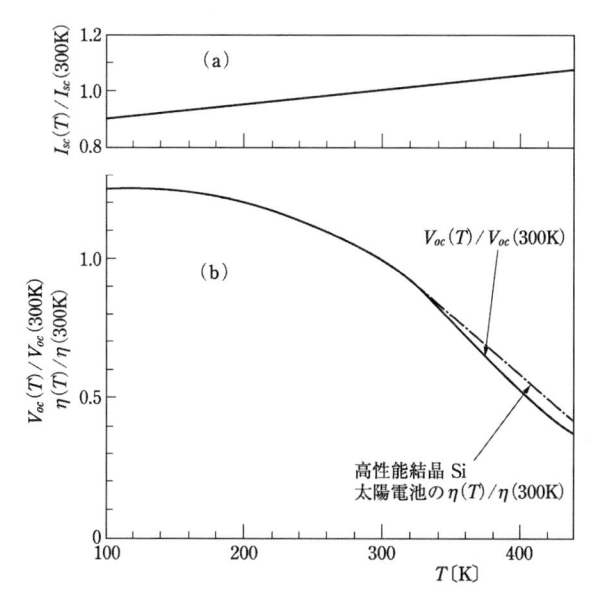

図 7.24 結晶 Si 系太陽電池の (a) $I_{sc}(T)/I_{sc}(300\,\text{K})$ (b) $V_{oc}(T)/V_{oc}(300\,\text{K})$ および (c) $\eta(T)/\eta(300\,\text{K})$ の温度依存性

異なることに注意されたい。このような np 接合をもつ太陽電池の出力を比較することにより、高温での太陽電池の出力電圧が低温に比べて小さいことが定性的に理解されよう。**図 7.23** は著者らが測定した Si 太陽電池の I-V 特性の温度依存性である。光源はハロゲンランプであり、照度は 80000 ルクス〔lx〕である。なお、実験に用いた太陽電池の形状は不規則であるため、詳細な面積の同定は困難であった。図 7.23 に示したデータに基づいて、$I_{sc}(T)/I_{sc}(300\,\text{K})$、$V_{oc}(T)/V_{oc}(300\,\text{K})$、$\eta(T)/\eta(300\,\text{K})$ の温度依存性を**図 7.24** に示す。図 7.24(a) から明らかなように、短絡電流は昇温に伴い増加する。この理由は、熱エネルギーにより価電子帯やドナー準位から伝導帯へ電子が励起し、伝導帯の電子密度が増加するからである。開放電圧が温度に伴い減少する理由は図 7.22(b) からわかる。結果として、変換効率は昇温に伴い低下する。図 7.24(b) から、例えば室温 (300 K) で変換効率 15% の太陽電池は 60℃ (333 K) で約 12.5% に低下する。以上の実験データは、ハロゲンランプ光源を使用して得たものである。高性能結晶 Si 太陽電池に対しては、ソーラーシミュレータ (AM 1.5) を用いてデータを取得すると、図 7.24(b) の鎖線のような挙動を呈する。この場合、室温で効率 15% の太陽電池は 60℃ で約 13.2% となる。したがって、昇温による効率の低下率は (13.2

−15)/(333−300)K = −0.05/℃ 程度となる．市販されている太陽電池の仕様に変換効率の温度特性を記載することもある．

7.11 分光感度特性

(1) pn接合太陽電池の分光感度特性

太陽電池の出力は入射光の波長に依存する．こうした特性を分光感度特性という．この種の特性は理論的に古くから展開されている．例えば，pn(p層on n基板)接合の結晶Si系太陽電池の理論的および実験的分光感度特性はWolfによって報

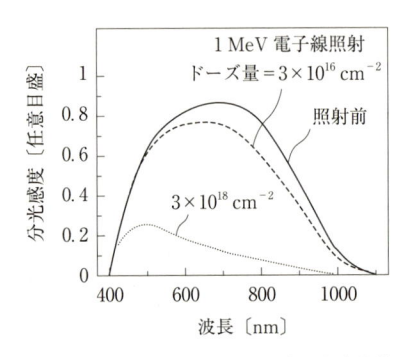

図 7.25 放射線による太陽電池分光感度特性の劣化[1]

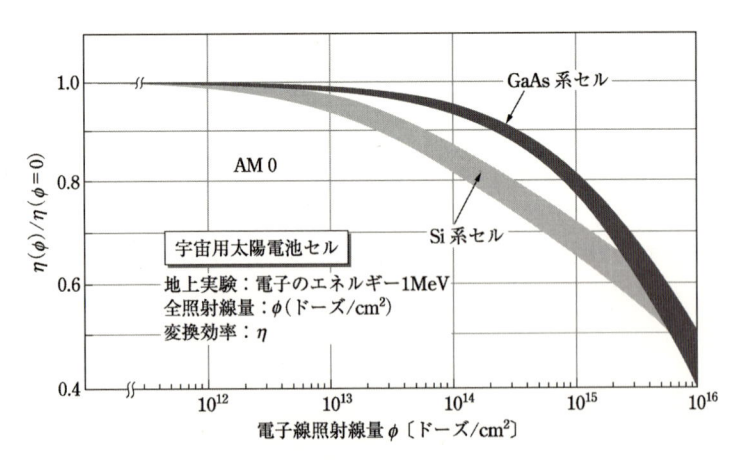

図 7.26 電子線照射 (1 MeV) による太陽電池の効率の劣化
[筆者らの実験による]

告されている．詳細は省略するが，分光感度に対するp層およびn層の"寄与"は図4.14と定性的に似ている．

(2) 放射線による太陽電池の劣化

宇宙では，太陽などから陽子や電子線が飛んでくるため，太陽電池が劣化する．ただし，陽子は太陽電池の表面に張ってある石英製カバーガラス（厚さ約50 μm）でほぼ吸収される．電子線は太陽電池の内部に浸透し，結晶欠陥を生じさせるので，太陽電池特性が劣化する．電子線により**人工衛星用太陽電池**の寿命はほぼ10年である．NASAでは，**耐放射線特性**に関して，膨大なデータを蓄積し学問的に大成している．なお，厳密には，宇宙の電子線にはエネルギー分布があるが，地上実験では1 MeVの電子線を使用することが多い．分光感度に及ぼす1 MeVの電子線の影響を**図7.25**に示す．**図7.26**は太陽電池の効率が電子線によってどのように低下するかを示したものである．同図は筆者らの実験を参考にした．なお，宇宙空間での放射線損傷は，原子力発電所事故による放射能汚染や放射線分子医学へ応用されるが，本書では省略する．

参考文献

1) M. Wolf : Drift fields in photovoltaic solar energy converter cells. *Proc. IEEE*, **51**, 674-693, 1963.
2) D. M. Chapin, C. S. Fuller, G. L. Pearson : A new silicon p-n junction photocell for converting solar radiation into electrical power. *J. Appl. Phys.* **25**, 676-677, 1954.
3) M. B. Prince : Silicon solar energy converters. *J. Appl. Phys.* **26**, 534-540, 1955.
4) J. J. Loferski : Theoretical considerations governing the choice of the optimum semiconductor for photovoltaic solar energy conversion. *J. Appl. Phys.* **27**, 777-784, 1956.
5) B. Ross, J. R. Madigan : Thermal generation of recombination centers in silicon. *Phys. Rev.* **108**, 1428-1433, 1957.
6) J. J. Wysocki, P. Rappaport : Effect of temperature on photovoltaic solar energy conversion. *J. Appl. Phys.* **31**, 571-578, 1960.
7) M. Wolf : Limitations and possibilities for improvement of photovoltaic solar energy converters, Part I : Considerations for earth surface operation. *Proc. IRE* **48**, 1246-1263, 1960.
8) W. Shockley, H. J. Queisser : Detailed balance limit of efficiency of p-n junction solar cells. *J. Appl. Phys.* **32**, 510-519, 1961.
9) M. Wolf, H. Rauschenbach : Series resistance effects on solar cell measurements. *Advanced Energy Conversion* **3**, 455-479, 1963.
10) M. Wolf : A new look at silicon solar cell performance. *Energy Conversion* **11**, 63-73, 1971.
11) Y. Marfaing, J. Chevallier : Photovoltaic effects in graded bandgap structures. *IEEE Trans. Electron Devices* **ED-18**, 465-471, 1971.

12) L. Lindmayer, J. F. Allison : The violet cells : an improved silicon solar cell. *Comsat Tech. Rev.* **3**, 1-22, 1973.
13) H. J. Hovel : Solar cells. In, R. K. Willardson and A. C. Beer (eds.) *Semiconductors and Semimetals*, vol. 11, Academic Press, 1975.
14) P. Rappaport : The photovoltaic effect and its utilization. *RCA Review*, **20**, 373-397, 1959.

8
結晶シリコン系太陽電池の素材の製造

現在,市場で最も普及している太陽電池は結晶 Si 系太陽電池である.この種の太陽電池の基板はシリコン結晶であるが,結晶には多結晶と単結晶がある.本章では,このような素材の製造法について述べる.

8.1 シリコンの結晶成長技術の歴史

よく知られているように,シリコン単結晶は太陽電池だけでなく,IC や LSI などの半導体デバイスの製造にも使用されている.太陽電池用のシリコン基板(ウエハ)の純度は 6 N 程度で十分であるが,IC や LSI には 14 N 程度の基板が使用される.ここで 6 N は純度が 99.9999 で,9 が 6 個続く.14 N では 14 個の 9 が続く.本節では,太陽電池だけでなく半導体用の高品位シリコン単結晶の開発経緯について述べる.表 8.1 は各年代に開発されたデバイスの種類と結晶成長技術の課題である.表中の **FZ** は**フローティングゾーン**(floating zone)の略称である.FZ は 1958 年に Dash がゲルマニウム Ge 結晶の無転位化技術として開発した.その技術を用いると,製造した棒状多結晶シリコンをそのまま単結晶にすることができる.ただし,この技術は太陽電池用基板の製造には使用されていない.表中の **CZ** は**チョクラルスキー法**の略称で詳細については後述する.

表 8.1　デバイスの種類とシリコン結晶成長技術の課題

年代	デバイスの種類	結晶成長技術の課題
1950	ダイオードトランジスタ	基礎研究(米国) 多結晶製造技術(FZ)の確立(西ドイツ)
1960	個別半導体	無転位化技術,CZ 結晶成長技術
1970	IC(集積回路)	酸素析出と IG 効果
1980	LSI(大規模 IC)	重金属汚染とクリーニング技術
1990〜	ULSI(超 LSI)	過剰な点欠陥制御

[出典:阿部孝夫『20 世紀とシリコン単結晶』応用物理　第 76 巻　第 8 号 (2007) pp. 927-932.]

参考まで，FZ の概要を述べる．FZ では，棒状素材を縦につるし，回転させながら中間を赤外線などで加熱して融かす．融けた部分が垂れ落ちないように調整する．棒状素材を徐々に上のほう（あるいは下のほう）へ移動させると，くびれた部分から単結晶が成長する．この方法で，直径約 45 cm の無転位シリコン単結晶を作製することができる．同様の方法で，GaAs や SiC の単結晶も成長できるが，シリコン結晶に比べて生産性は 1 万分の 1〜10 万分の 1 程度と低い．

表 8.1 に 1970 年の課題として「酸素析出」があるが，これは融液中に残った酸素が結晶中に取り込まれる現象であり，1970 年代初頭から研究が始まった．1977 年に IBM の Tan が IG (intrinsic gettering) という方法で，シリコン結晶に取り込まれた酸素析出物を抑制する方法を開発した．1980 年代には基板のクリーニング技術が開発された．1970 年に RCA 社の Kern は，シリコン基板の表面に付着した不純物粒子や金属不純物（鉄やクロムなど）を除去する方法を開発した．この洗浄には化学溶剤が使用され，一般に **RCA 洗浄** といわれ，太陽電池製造工場では現在も使用されている．表 8.1 に示した点欠陥には格子間不純物などがあるが，結晶成長技術の改善により，1990 年代には無欠陥結晶が得られるようになった．

8.2　太陽電池用シリコン基板の厚さ

結晶 Si 系太陽電池に使用される基板の厚さは，1990 年頃までは 300 μm 程度であったが，その後の基板切断技術の進歩により，現在は 200 μm 程度のものが多い．薄くする理由は素材の節約である．なお，太陽電池開発初期の頃は，単結晶シリコン基板が使用されたが，1990 年代に入り，多結晶基板がよく使用されるようになった．次節に，シリコン基板の製造に関する基礎的な用語を述べる．

8.3　化 学 用 語

1950 年代，西ドイツのメーカであるシーメンス社はシリコン多結晶の生産方式を完成した．この方式は **シーメンス法** として知られ，現在も利用されている．この方法で製造された多結晶シリコンは約 1414℃ で熱処理され，単結晶作製の出発原料となる．現在，太陽電池の普及により，シリコン多結晶や単結晶の需要が急速に伸びており，いろいろの結晶製造技術が模索されているが，現段階では，シーメンス法が最も適しているとみなされている．以下，シーメンス法にかかわ

(1) 蒸　　留

　ある液体混合物を蒸発（気化）させ，その後，冷却させて再び凝縮（液化）させることにより異なる成分を分離・濃縮することを**蒸留**（distillation）という．蒸留は，化学物質の融点が100℃程度の場合に用いられる．蒸留の原理は，各液

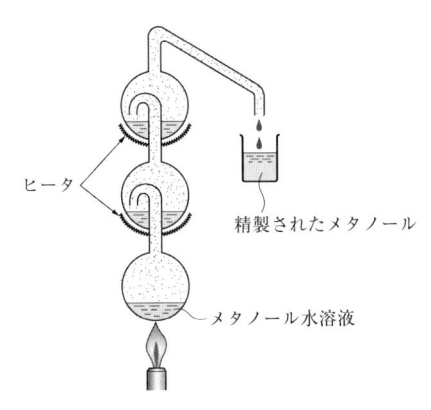

図 8.1　フラスコを用いた蒸留の原理

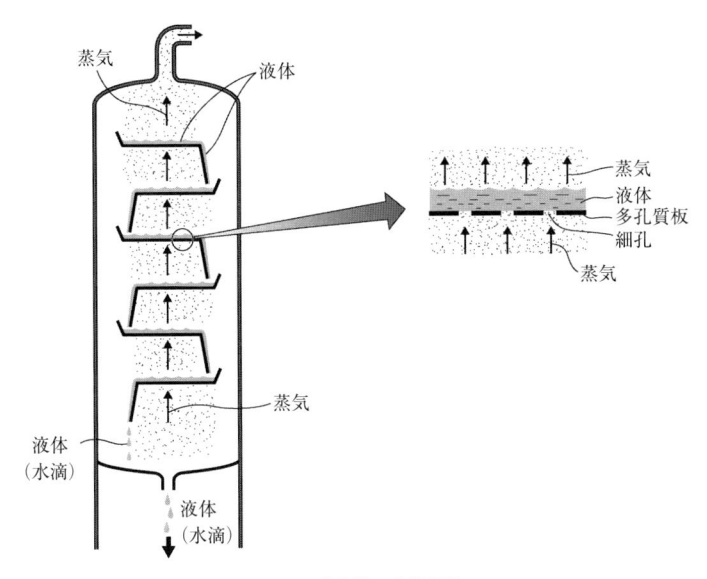

図 8.2　蒸留塔の内部構造

体成分の蒸気圧の差を利用して，混合物中の特定の成分を濃縮する方法である．以下，蒸留をわかりやすく説明する．まず，実験室レベルでのメタノール（メチルアルコール）と水の分留について述べる．メタノールおよび水の沸点は，それぞれ約64℃および100℃である．図8.1に示すように，メタノール50％が入ったフラスコを加熱すると，約80％のメタノールが蒸発する．次に，この80％のメタノールをさらに加熱すると，約96％のメタノールが得られる．さらにもう一度，加熱するとほぼ100％に近いメタノールが精製される．

蒸留により特定の成分を精製することを**精留**（rectification）というが，広義には蒸留と精留は同じである．工場レベルの蒸留には蒸留塔を用いる．蒸留塔の内部を定性的に図8.2に示す．蒸留の各段階で，凝縮液と蒸気が接触している．この接触により凝縮熱が発生し，液体の蒸発と凝縮が繰り返されて濃縮が起こる．蒸留塔内ではこうした蒸発と凝縮が平衡状態で多段階で進行する．

(2) $SiHCl_3$

トリクロロシラン（または**三塩化シラン**）は結晶シリコンの製造工程で生成する無色の刺激性がある液体である．沸点および融点はそれぞれ31.8℃および-7℃である．20℃での蒸気圧は 6.4×10^4 Pa（=490 mmHg）である．

(3) $SiCl_4$

シリコンテトラクロライド（または四塩化シラン）．沸点は57℃で，融点は-68℃．蒸気圧は20℃で26 kPaである．

8.4 シリコン基板の原材料の製造

太陽電池用の基板をつくるには，下記に述べるように，いくつかの工程を経て，徐々に高品質のシリコン素材を作製する．

(1) 金属グレードのシリコン塊の製造

地球を構成する元素で，最も多いのが酸素で，次に多いのがシリコンSiである．酸素は酸化物として地中に存在する．まず，高品質の SiO_2 を含有する原鉱（**珪石**あるいは**珪砂**）を用いて**金属グレードのシリコン**を製造する．ここで，グレードとは純度を意味する．図8.3に示すように，珪砂あるいは珪石とカーボンの混合物に**アーク放電**をかけると，次の式によりシリコン融液ができる．こうした融

液を冷却すると，**金属シリコン**が生成できる．

$$\mathrm{SiO_2 + 2C \rightarrow Si（金属シリコン）+ 2CO} \qquad (8.1)$$

反応式（8.1）で得られた金属シリコンの純度は 98～99% 程度であり，不純物は主として鉄やアルミニウムである．こうした金属シリコンを用いて，高純度の多結晶シリコンを精製する方法の 1 つが以下に述べる**シーメンス法**である．

(2) シーメンス法

この方法で最終的に得られるシリコン塊の純度は高純度で**イレブンナイン**程度である．イレブンナインは純度が 99.999… と 9 が 11 個続く純度をいい，**11 N** と表記する．シーメンス工程に使用される装置を**図 8.4**に示し，工程表のブロッ

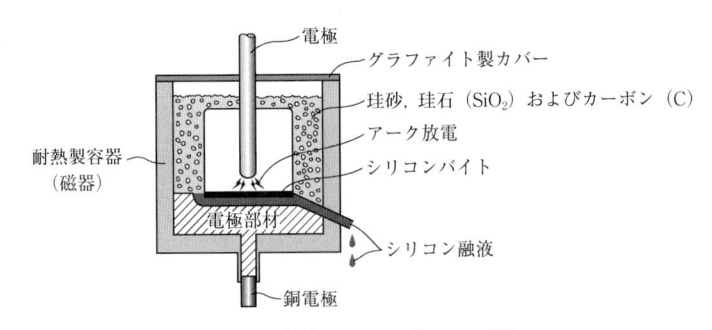

図 8.3 金属グレードシリコンの製造

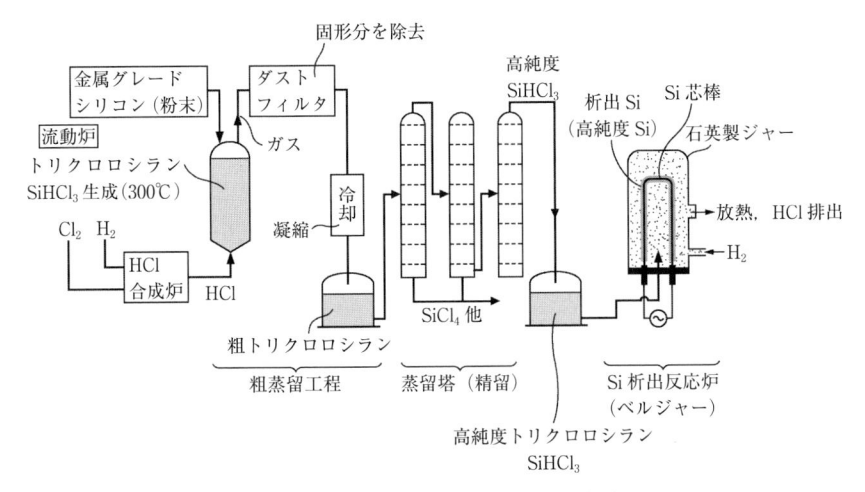

図 8.4 シーメンス法による多結晶 Si の製造

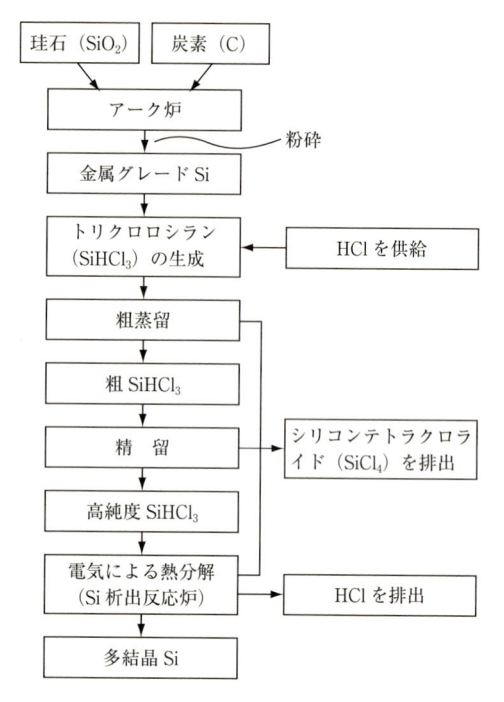

```
珪石 (SiO₂)   炭素 (C)
      ↓        ↓
      アーク炉
         ↓ ← 粉砕
    金属グレード Si
         ↓
   トリクロロシラン      ← HCl を供給
   (SiHCl₃) の生成
         ↓
       粗蒸留
         ↓
      粗 SiHCl₃
         ↓          → シリコンテトラクロラ
       精 留              イド (SiCl₄) を排出
         ↓
     高純度 SiHCl₃
         ↓
    電気による熱分解     → HCl を排出
    (Si 析出反応炉)
         ↓
      多結晶 Si
```

図 8.5 シーメンス法による製造工程

ク図を**図 8.5** に示す．これらの図を用いて工程の手順を説明する．まず，流動炉に，粉砕した金属グレードのシリコン塊を入れて，塩化水素 HCl を流すと次式の反応が起こる．図 8.4 に示した装置は非常に高価（典型的に 1000 億円程度）であるため，このような装置をもつ企業は世界的にも少ない．

$$\text{Si} + 3\text{HCl} \rightarrow \text{SiHCl}_3 + \text{H}_2 \tag{8.2}$$

式 (8.2) の反応は発熱反応であり，約 300℃ になる．したがって，一度反応が起こると外部から加熱する必要がなくなる．この反応の後，図 8.4 に示した粗蒸留および蒸留塔による精留工程を経て，高純度ガス SiHCl_3 が精製される．次に図 8.4 に示した Si 析出反応炉（ベルジャー）内に細いシリコン芯棒を立てて，これに通電すると抵抗加熱により赤熱する．この棒に高純度ガス SiHCl_3 と H_2 ガスを流すと，下記の反応式によりシリコン芯棒の表面にシリコン結晶が成長し，シリコンロッド（棒状のシリコン）が得られる．

$$\text{SiHCl}_3 + \text{H}_2 \rightarrow \text{Si} + 3\text{HCl} \tag{8.3}$$

$$4\text{SiHCl}_3 + \text{Si} \rightarrow 3\text{SiCl}_4 + 2\text{H}_2 \tag{8.4}$$

図8.6 シリコン基板製造用のシリコン塊

式(8.3)および式(8.4)の反応速度はSiHCl$_3$の濃度や温度に依存するが，SiHCl$_3$から結晶シリコンが得られる収率は25～30%程度である．最終的に精製されたシリコンロッドの典型的な不純物濃度を下記に示す．

    ボロン B   0.1～0.2 ppb
    リン Pおよびヒ素 As ＜0.5 ppb
    炭素 C   0.2～0.5 ppm

以上の方法で得られたシリコン塊は太陽電池基板作製の原材料となる．図8.6はそうしたシリコン素材の一例である．

8.5　単結晶シリコンインゴットの作製

(1)　チョクラルスキー法による単結晶シリコンの作製

1910年代の後半，**チョクラルスキー**（J. Czochralski；ポーランドの科学者）は融液から単結晶を引き上げることに成功した．この方法は**チョクラルスキー法（CZ法）**あるいは**CZ単結晶引き上げ**と呼ばれ，**単結晶インゴット**を作製する方法として現在も実用化されている．太陽電池やICの製造に使用されている高純度半導体シリコンの多くはCZ法で製造されている．CZ法の概要を図8.7に示す．最近は，直径35 cmのインゴットも製造されている．なお，一般に，CZ法では図8.7に示したように種結晶のついている結晶の棒とるつぼを回転するが，その方向は逆方向である．使用される各部材の詳細を以下に述べる．

(i)　石英製るつぼ

シリコン素材を入れる石英製るつぼの一例を図8.8に示す．典型的な直径は50 cmである．るつぼに入れる素材として，図8.6に示したシリコン塊や破損したシリコン基板などが使用される．ただし，破損したシリコン基板には人為的に

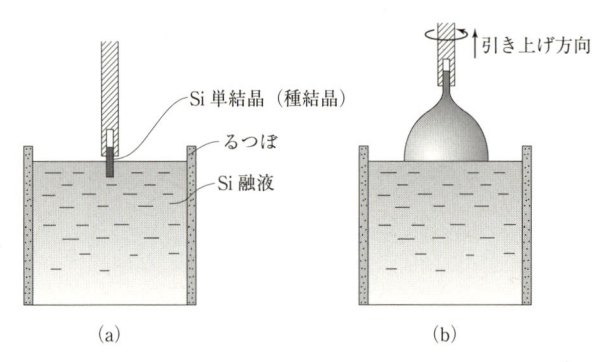

図 8.7 CZ による単結晶の引き上げ

図 8.8 典型的なるつぼ

図 8.9 るつぼを入れるグラファイト製容器

添加した不純物が含まれていることもあるので，用途に応じて再利用しなければならない．太陽電池基板製造用のるつぼの純度は 70〜80 ppm であり，IC 用のるつぼは 20 ppm である．図 8.8 に示したるつぼは，**図 8.9** に示したようなグラファイト製の容器に入れられ，その周囲のグラファイト製ヒータで加熱される．図 8.9 の背後にある縦方向の細い線がヒータである．

(ii) 種結晶

単結晶シリコンを引き上げるとき，図 8.7(a) に示したような種結晶を用いる．典型的な種結晶の形状は円柱で，直径が約 1 cm で長さが約 10 cm である．種結晶を引き上げるために，グラファイト製の板で種結晶を挟むこともあるが，ワイヤを取り付ける方法もある．種結晶の表面に付着したシリコン融液は，図 8.7(b) に示すように引き上げられると冷却し固化する．このような方法で，種結晶は徐々に大きい単結晶に成長する．IC 用のシリコンインゴットの直径は典型的に 30 cm で長さは 2 m にも及び，種結晶を引き上げる時間は 5〜7 日かかる．

図 8.10 単結晶シリコンの頭部

図 8.11 単結晶シリコンロッド

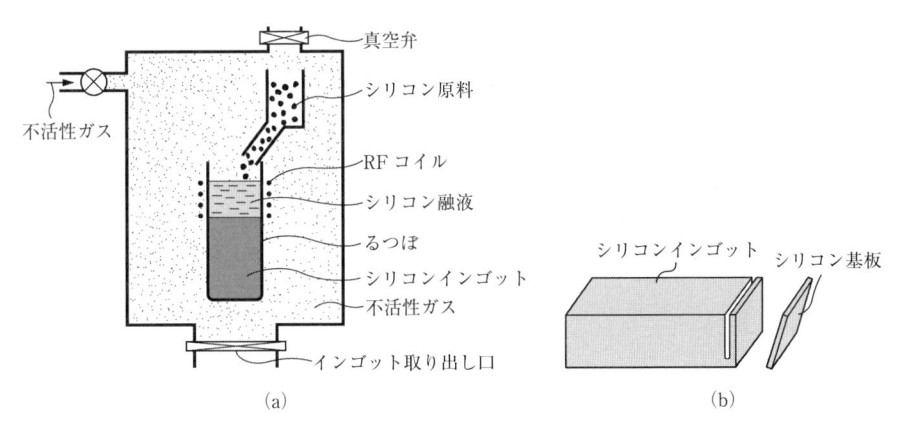

図 8.12 キャスト法による多結晶シリコンの製造

図 8.10 は引き上げた単結晶の頭部であり，図 8.11 は単結晶シリコンの頭部を切断した図である．このようなロッドは薄くスライスされウエハが製造される．

8.6 多結晶シリコンインゴットの作製

(1) キャスト（鋳造）法による製造

多結晶シリコンを作製する方法の1つに，図 8.12 に示すようなキャスト（鋳造）法がある．

図 8.13 多結晶シリコン作製用の
グラファイト製容器

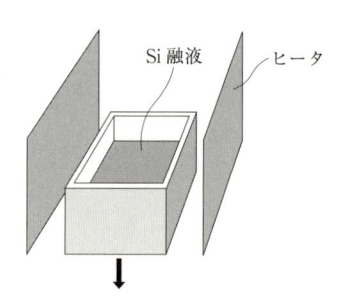

図 8.14 キャスト法による一方向
凝固

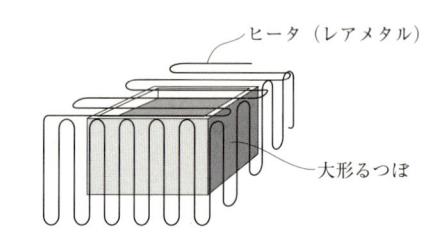

図 8.15 グラファイトを使用しない多結晶シリコン溶融炉

(2) 一方向凝固による製造

この方法では，まずシリコン原料を図 8.13 に示すようなグラファイト製容器に入れる．容器の後ろにあるのがヒータである．容器の温度は1200℃程度に保持され，図 8.14 に示すように徐々に下げると，下のほうから徐々に温度が下がり，シリコン融液が固化する．できあがった結晶は多結晶である．このような方法を**一方向凝固**という．以上のヒータはグラファイト製であるが，炭素が不純物として混入する可能性があるため，グラファイトを使用しないヒータが開発されている．図 8.15 にそのようなヒータの構造例を示す．

8.7 シリコン基板の作製と形状

本節にはシリコン基板の作製法を述べる．

(1) 単結晶インゴットからの基板の作製

基板を製造するため，まず円柱の単結晶インゴットを矩形にカットしなければならない．図 8.16(a) にシリコンロッドの切断面を示す．次に，微小のダイヤモ

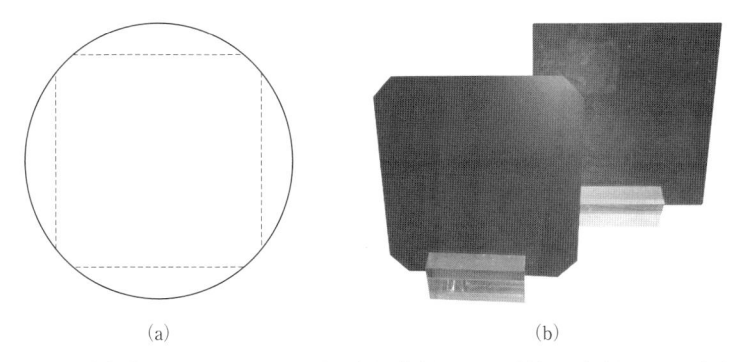

図 8.16 (a) 単結晶インゴットの切断面 (b) 単結晶ウエハ（左）と多結晶ウエハ（右）

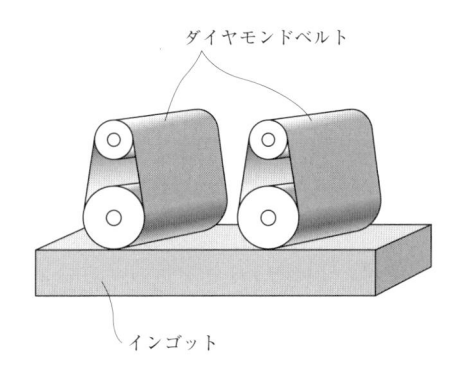

図 8.17 多結晶シリコンインゴットの研磨

ンドがついたノコギリのようなものなどを用いて破線に沿って長さ方向にカットする．できあがった基板は図 8.16(b) の左に示したように，基板の隅に多少の丸みがある．このような丸みを企業では「アール（R）」ということもある．一方，多結晶インゴットから作製した基板の隅には丸みがない（図 8.16(b) の右図参照）．

(2) 多結晶シリコンインゴットの研磨

多結晶ロッドからウエハをつくるとき，図 8.17 に示すように，ダイヤモンドベルトでロッドの表面を機械的に研磨する．ベルトの表面には微小のダイヤモンド粒子がついている．

(3) インゴットの切断

図8.17に示したインゴットは金属性ワイヤーで薄く切断される．切断するワイヤーには，以下に述べるようにいくつかの種類がある．その1つが銅線ワイヤーで，切断と同時に，冷却用の液体をかける．このような液体は企業秘密になっていることが多い．もう1つの方法は，ワイヤーの表面にダイヤモンド微粒子が付着したもので，ダイヤモンドワイヤーという．ワイヤーの表面が，ある種の金属で被覆されたものもある．このような被覆は電気メッキで行われる．以上で述べた各種のワイヤーの外観を定性的に図8.18に示す．

生産レベルの基板の作製では図8.19(a)に示すように，同時に複数枚のウエハを作製する．なお，図8.19(a)に示したワイヤーは1本であり，図8.19(b)に示すように往復運動させている．そのため，ワイヤー全体の長さは数百mに及ぶことがある．ワイヤーでカットする方法は単結晶および多結晶インゴットいずれも共通である．

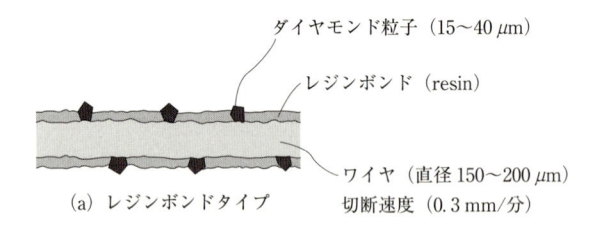

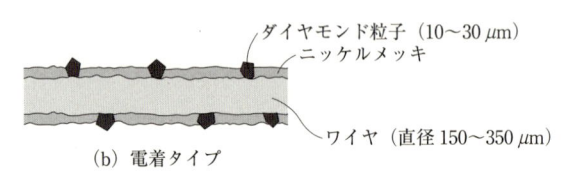

図8.18 ウエハのカットに使用されるワイヤの断面

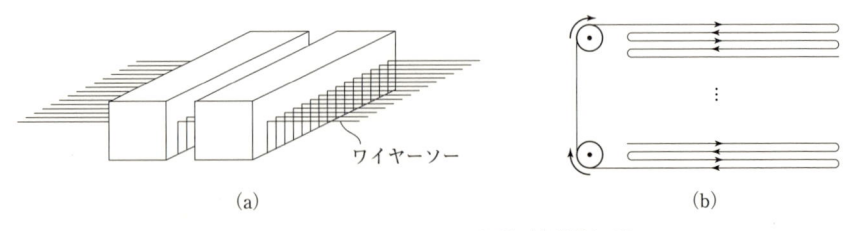

(a) レジンボンドタイプ
 ダイヤモンド粒子（15〜40 μm）
 レジンボンド（resin）
 ワイヤ（直径150〜200 μm）
 切断速度（0.3 mm/分）

(b) 電着タイプ
 ダイヤモンド粒子（10〜30 μm）
 ニッケルメッキ
 ワイヤ（直径150〜350 μm）

図8.19 シリコンインゴットの切断（多数枚処理）

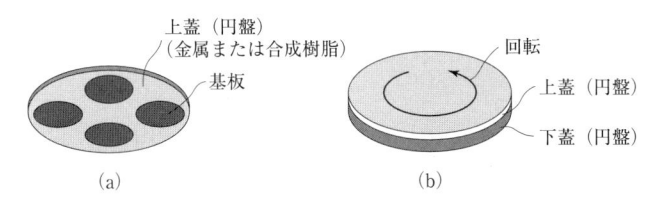

図 8.20 シリコン基板の機械的研磨（ラッピング）の一例

(3) ウエハの表面研磨（ラッピング）

スライスされた基板の厚さは典型的に 230 μm 程度である．面積は単結晶基板の場合，典型的に 125 mm×125 mm で，多結晶基板は 156 mm×156 mm である．基板のサイズはメーカや年代によって変わる．ワイヤーで切断された基板の表面をミクロにみると，微小の凹凸が多いため，研磨して鏡面に仕上げる．研磨を**ラッピング**ともいう．ただし，鏡面といっても，人の顔がぼやけてみえる程度である．研磨にはウエハの両面を研磨する**両面研磨**と**片面研磨**がある．片面研磨の基板は高温の電気炉内に入れられたとき，反ることがある．最終的にできあがった基板の厚さは約 200〜250 μm である．研磨する方法はメーカにより異なるが，基本的には機械的研磨である．**図 8.20** に機械的研磨の一例を示す．まず，上蓋（円盤）の裏面にシリコン基板を数枚設置する．上蓋の材質はアルミナあるいは合成樹脂などである．基板を上蓋に接着させるには，特殊の接着剤を使用するが，真空引きで接着することもある．次に，上蓋を下蓋の上に置いて回転させる．下蓋として使用される素材に銅や鋳鉄などがある．下蓋の表面の平坦度は典型的に 0.5 μm である．上蓋の回転に伴い，摩擦熱が発生するので，潤滑油を注入して冷却する．上蓋はかなりの自重があるので，上蓋の上に格別，加重をかける必要がない．なお，以上の例では，下蓋を固定して上蓋を回転させたが，その反対に，上蓋を静止させて，下蓋を回転する方法もある．

参考文献
1) 阿部孝夫：20 世紀とシリコン単結晶．応用物理，**76**(8), 927-932, 2007.

9
結晶シリコン系太陽電池の作製
－基板の仕様と洗浄－

　結晶シリコン系太陽電池の製造にはいくつかの工程がある．本章から第12章まで各工程の詳細を述べる．最初の工程が基板の洗浄（クリーニングともいう）である．シリコン基板の表面には自然にできる酸化膜 SiO_2 などがあるため，これらを除去するのが洗浄工程である．本章では，このような洗浄方法の詳細を述べる．

9.1　結晶シリコン系太陽電池の作製工程概要

　結晶 Si 系太陽電池の作製工程の大きな流れは下記のとおりである．各工程の詳細については次節以降に述べる．
　① 基板のクリーニング（洗浄あるいはエッチングともいう）
　② pn 接合の形成（使用する主要装置は拡散炉）
　③ デバイス化工程
　　● 電極形成（形成には，スクリーン印刷法，真空蒸着法，またはスパッタ法などがある）
　　● 反射防止膜形成（真空蒸着機あるいはスパッタ装置などを使用する）
　④ 各種評価試験（JIS 規格で規定されている）
　⑤ 太陽電池モジュールの作製

9.2　シリコン基板の仕様

　結晶 Si 系太陽電池を作製するとき，はじめに，購入する基板の仕様を決めなければならない．基板には多結晶と単結晶があるが，それらの典型的な仕様を**表9.1** に示す．

表 9.1　太陽電池用 Si 基板の仕様例

	多結晶基板	単結晶基板
寸法	156 mm×156 mm（±0.5 mm）	125 mm×125 mm（±0.5 mm）
厚み	$200\pm30\ \mu m$	$200\pm20\ \mu m$
TTV*	$\leq 40\ \mu m$	$\leq 30\ \mu m$
導電形	p 形	p 形
不純物酸素濃度	$\leq 1\times 10^{18}$ 原子/cm^3	$\leq 1\times 10^{18}$ 原子/cm^3
不純物炭素濃度	$\leq 1\times 10^{17}$ 原子/cm^3	$\leq 1\times 10^{17}$ 原子/cm^3
抵抗値	0.5〜6 Ωcm	0.5〜6 Ωcm
電子のライフタイム	$\geq 10\ \mu s$	$\geq 10\ \mu s$

＊ TTV は torerance threshold value の略で，表面にある凹凸の許容値である．

9.3　シリコン基板の表面検査装置

購入したウエハには微小の「欠け」などの欠陥がある．これらの欠陥を瞬時に検知・観察する装置が**表面検査装置**である．検査装置には赤外線を使用するものがあり，目視できない欠陥を瞬時に検知することができる．三次元カメラで検査すると欠陥が立体的に観察できる．表面検査装置では次のような欠陥を検出する．なお，ワイヤーソーとはウエハを切断するとき使用するワイヤーである（図 8.19 参照）．

- 欠けとその寸法
- ワイヤーソーの不良
- ウエハの寸法

9.4　シリコン基板表面の自然酸化膜 SiO$_2$

シリコン基板の表面には大気によりシリコン酸化膜 SiO$_2$ が形成されている．

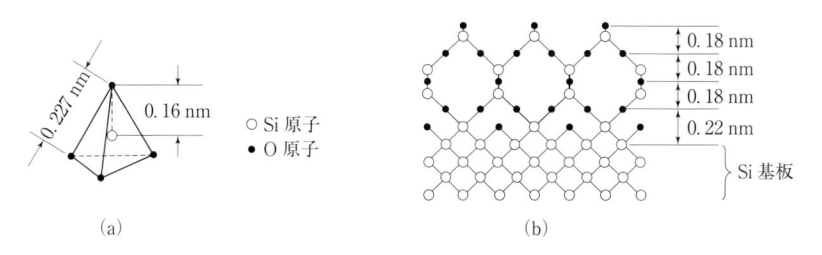

図 9.1　(a) SiO$_2$ の構造　(b) シリコン基板表面の SiO$_2$

このような酸化膜を**自然酸化膜**という．この酸化物は非常に安定した物質であるため，塩酸などでは除去できない．SiO_2 の構造を図 **9.1**(a) に示し，シリコン基板表面にできた SiO_2 の原子構造を定性的に図 9.1(b) に示す．

9.5　シリコン基板の洗浄方法―化学的洗浄と物理的洗浄―

(1) 化学的洗浄

シリコン基板の表面の SiO_2 膜などを「除去する」ことを「エッチングする」という．SiO_2 膜の Si 原子と酸素原子 O は強く結合しており，その**結合エネルギー（エンタルピー）**は 368 kJ/mol である．これは自然界に存在する化合物の結合エネルギーで最も大きいものの 1 つである．このような強い結合力のため，SiO_2 は自然界で安定しているのである．地球を構成している物質の 90% 以上が SiO_2 系の化合物であるが，その理由はこのような強い結合力による．エッチング法には**化学的洗浄（ウェットエッチング；wet etching）**と**物理的洗浄（ドライエッチング；dry etching）**の 2 種類がある．ウェットエッチングでは化学溶剤を使用し，現在でも利用されているのが **RCA 洗浄**[1] である．RCA は Radio Corporation of America の略で，米国の著名な企業であったが，現在は存在しない．図 **9.2** に RCA 洗浄工程の概要を示す．RCA 洗浄工程には下記のようなものがあるが，主な目的は SiO_2 の除去やシリコン表面層に付着している重金属やアルカリイオンの除去である．

- エッチング：SiO_2 などの除去
- 溶剤による溶解：有機物汚染物質や金属汚染物質の除去
- 界面活性剤：金属汚染物質の除去
- 超純水：リンス
- 乾　燥：水分，溶剤

以下，RCA 洗浄の要点を具体的に述べる．まず，基板を H_2O（純水）：H_2O_2（過酸化水素水）：NH_3（アンモニア）= 30：6：0.3 の比率の溶液に入れて約 5 分間煮沸し，終了後に純水でリンスする．続いて H_2O：H_2O_2：HCl = 30：6：6 の比率の溶液に入れて，5 分間煮沸し純水でリンスする．自然酸化膜 SiO_2 はこのような洗浄後にも基板表面に残っているので，それをフッ化水素（フッ酸）HF で除去する．詳細は 9.6 節で述べる．

図9.2 RCA洗浄工程

```
有機物除去 ──→ 有機溶剤処理     (オイル、ワックス、レジスト残渣、指紋など)
         ──→ 界面活性剤処理
         ──→ ブラッシング
         ──→ 酸化処理
         ──→ アルカリ処理
         ──→ プラズマ酸化

反応性イオンエッチング
  ↓
汚染除去 ──→ プラズマ処理     (ポリマー、金属、カーボンなど)
       ──→ ウェット処理
  ↓
ダメージ層除去 ──→ シリコンウェットエッチング (HF-HNO₃ など)  (照射損傷など)

酸化物除去 ──→ HF水溶液、無水フッ酸 (自然酸化膜)
  ↓
金属不純物 ──→ 酸処理
  ↓
イオン性不純物 ──→ 酸処理・水洗 (金属イオン、無機イオン)
  ↓
粒子状不純物 ──→ 水洗(超音波、ブラッシング、スプレイ、高圧ブロー、その他)
  ↓
酸化膜除去 ──→ HF水溶液、無水フッ酸処理 (自然酸化膜)
  ↓
最終水洗
  ↓
乾燥

犠牲酸化*
  ↓
酸化膜除去
  ↓
乾燥

*熱酸化膜を形成し、それを除去することによって表面のダメージを除く
```

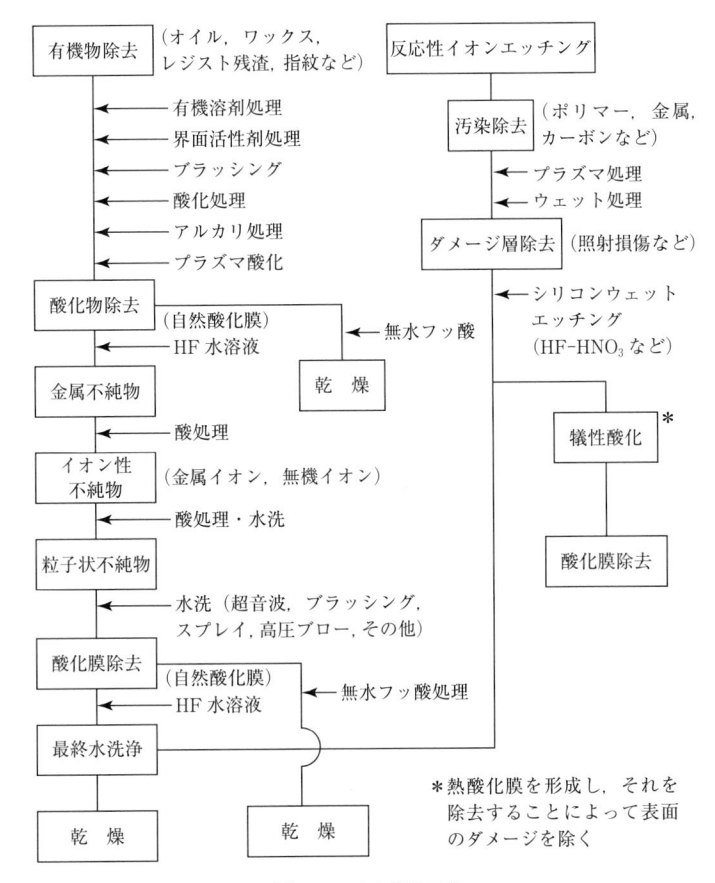

図 9.2 RCA 洗浄工程

(2) 物理的洗浄（ドライエッチング）

基板表面層の原子に、加速したイオンなどを照射してエッチングする方法がある。これは物理的エッチングで、一般に**ドライエッチング**と呼ばれている。ドライエッチングの詳細は 9.7 節で述べるが、実際の製造工程では、ウェットエッチングとドライエッチングの両方を併用している。

9.6 フッ化水素によるウェットエッチング

シリコン基板の SiO_2 膜を除去するとき、**フッ化水素** HF を使用する。ウェットエッチングは**図 9.3** に示すように、HF 溶液にシリコン基板を浸漬する。この

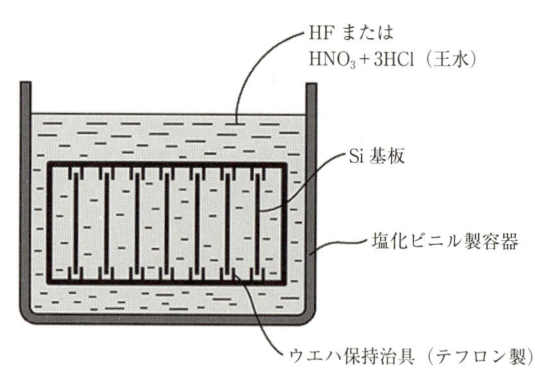

図9.3 HFによるウェットエッチングの例

方法の利点は，使用する原材料や治具が比較的安価である点である．フッ化水素は HF:H_2O＝1:20 の比率で純水で希釈する．ただし，HF は非常に劇薬であるため，皮膚に触れると体内に侵入し，がんを引き起こす可能性がある．HF を扱うときは，テフロン製手袋などを着用しなければならない．

9.7 ドライエッチング

ドライエッチングは基板の表面原子に加速したイオンを照射してエッチングする方法である．ドライエッチングにはいくつかの種類があるが，それらの用語は類似しているため混同しやすいので注意されたい．

(1) スパッタエッチング（プラズマエッチング）
(i) スパッタリングの原理
　図9.4に示すように反応室（チェンバ）に一対の電極を置き，アルゴン Ar などの不活性ガスを流してプラズマを発生させる．このような装置を**平行平板形エッチング装置**という．Ar 原子のイオン化エネルギーは約 16 eV で，高エネルギーをもつイオン Ar^+ が生成する．図9.5に示すように，加速した Ar イオンは基板の表面原子（例えば酸素原子）に衝突し，原子を物理的に飛散させる．
(ii) 量産工程でのプラズマエッチング
　工場生産では，図9.6に示すように，多数の基板を同時に処理する．以下に CF_4 を用いたときのプラズマエッチングの機構を述べる．CF_4 はプラズマにより CF_3 と F^* に分離される．F^* は遊離した F 原子でラジカルである．ラジカルは化

9.7 ドライエッチング

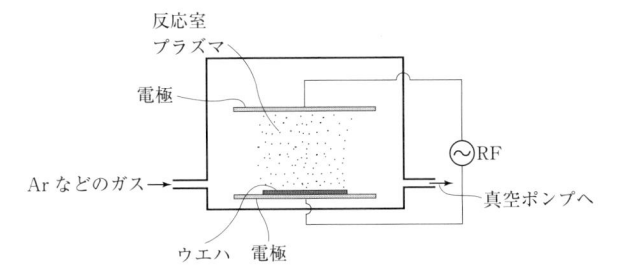

図 9.4 アルゴンイオン A^+ によるスパッタリング

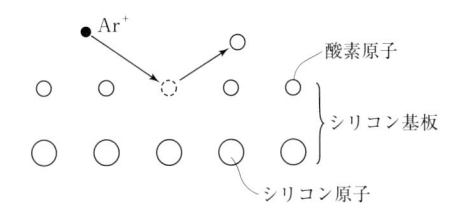

図 9.5 Ar^+ イオンによるスパッタリング

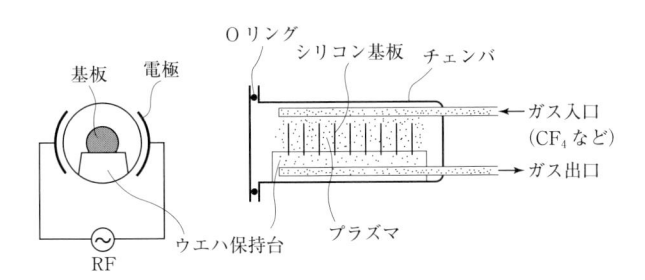

図 9.6 プラズマエッチング装置の原理

学的に非常に活性であり，多結晶シリコン Si, SiO_2, Si_3N_4 などを次のようにエッチングする．

$$Si + 4F^* \cdots SiF_4 \text{（気体）} \tag{9.1}$$

$$SiO_2 + 4F^* \cdots SiF_4 \text{（気体）} + O_2 \text{（気体）} \tag{9.2}$$

$$Si_3N_4 + 12F^* \cdots 3SiF_4 \text{（気体）} + 2N_2 \text{（気体）} \tag{9.3}$$

シリコン基板や SiO_2 に対するエッチング時間とエッチングの深さの関係を図 9.7 に示す．これらの関係は装置によって異なるので，図 9.7 は目安とみなされたい．

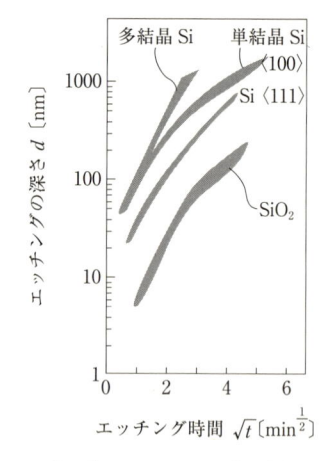

図 9.7　プラズマエッチングの時間と深さの関係

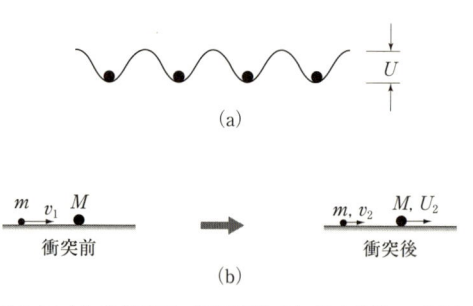

図 9.8　(a) 結晶表面の原子配列　(b) 衝突前後の 2 原子

(iii)★　スパッタリングの力学

　ある種の基板表面に加速したイオンを照射するとエッチングされるが，その機構を数学的に説明する．図 9.8(a) は結晶の表面に配列した原子を示す．原子は互いに近傍の原子と結合している．**Si-Si ボンドの結合力**は約 2.3 eV である．参考まで，いくつかの結合エネルギーを述べると，Si-H (3.1 eV)，Si-F (5.6 eV)，H-Cl (4.5 eV)，H-F (5.8 eV) である．結合エネルギーは原子の種類によって異なるが，大きさは数 eV 程度である．厳密には，表面層の原子の**結合力**は内部の原子の結合力と異なり複雑である．図 9.8(a) に示した原子を外部にはじき出すには，原子に U 以上のエネルギーを与えなければならない．アルゴンイオンなどが表面の原子に衝突したとき，表面原子に与えるエネルギーの厳密解は難しいため，2 粒子の衝突を弾性衝突と仮定して求める．

図9.8(b)に示すように，静止している粒子（質量 M）に，速度および質量がそれぞれ v_1 および m の粒子が衝突すると仮定する．衝突前の粒子 m の運動エネルギーを T_1 とする．衝突後の M と m の粒子の速度をそれぞれ U_2 および v_2 として，エネルギーおよび運動量の保存則を利用すると，衝突後の M の運動エネルギー T_2 は次のように求まる．

$$T_2 = \frac{4mM}{(m+M)^2} T_1 \tag{9.4}$$

もし，上式の T_2 が U より大きいと，衝突された原子は表面からはじき出される．プラズマエッチングはこのような原理で起こる．なお，結晶に高速電子線などを照射すると結晶欠陥が生成するが，この場合も式（9.4）が参考になる．

(iv) マグネトロンスパッタリング

平行平板形プラズマエッチング装置を改善したのが**マグネトロンスパッタリング**であり，現在，ドライエッチングの主流である．これは**図9.9**に示すように，プラズマに磁界を印加した状態でスパッタリングする方法である．被エッチング材が陰極である．この方法では，プラズマ中の電子は外部から印加された磁界により円運動する．このような運動を電子の**サイクロトロン共鳴**（**ECR**：electron cyclotron resonance）という．以下，ECRの原理を説明する．

図9.10に示すように，磁界 B 中を電荷 q をもつ電子が速度 v で運動していると仮定する．電子は磁界 B と速度 v に垂直な方向の力を受ける．この力は**ローレンツの力**として知られている．この力により電子の軌道は円軌道となる．な

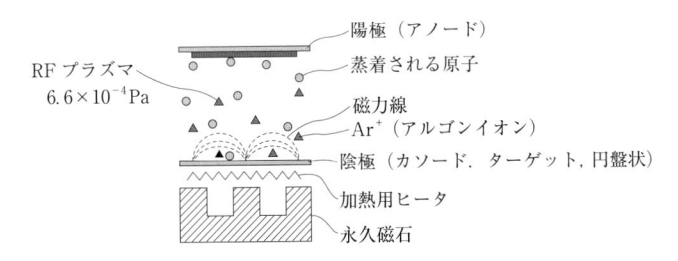

図9.9 ECR プラズマエッチング装置の概要

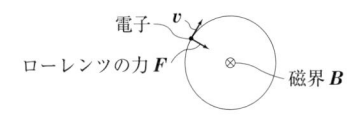

図9.10 サイクロトロン共鳴の説明図

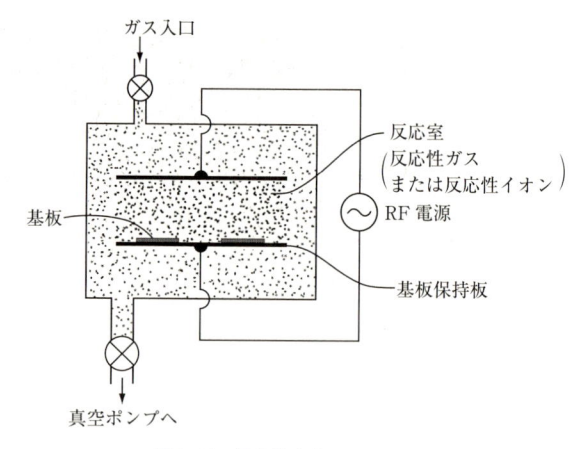

図 9.11 反応性イオンエッチング

表 9.2 反応性イオンエッチングで使用されるガス

被エッチング材	ガスの種類
多結晶 Si	CF_4/O_2, CCl_4, CCl_2F_2, SF_6, CCl_3F
Si	CF_4, CF_4/O_2, CCl_2F_2
Si_3N_4	CF_4, CF_4/O_2, CH_4/H_2
SiO_2	CH_4/H_2, CHF_3, CHF_3/O_2
Al	CCl_4
Al_2O_3	CCl_4, BCl_3
GaAs	Cl_2, CCl_4, CCl_2F_2
InO_2	CCl_4
SnO_2	CCl_4

お，図 9.10 では電荷をもつ粒子として電子と仮定したが，プラスの電荷をもつイオンの運動方向は電子と異なるので注意されたい．ECR では例えば 450 MHz の UHF（ultra high frequency）が使用される．なお，マグネトロンスパッタリングは薄膜形成にも使用される．図 9.9 の陽極に，ある種の基板を接触しておくと，スパッタされた原子が基板に堆積する．

(2) 反応性イオンエッチング

上述のスパッタエッチング（プラズマエッチング）と似ているものに**反応性ドライエッチング**がある．この方法では，プラズマを発生させるが，プラズマ中で起こる化学反応も利用している．その意味で，この方法は［スパッタリング＋化学反応］によるエッチングである．**図 9.11** に示すように，チェンバ内に反応性

ガス(例えば，フレオン CF_4, C_3F_8, CCl_4, BCl_3, アルゴンガス，H_2 など)を流してプラズマを発生させる．場合によっては反応ガスとして CF_4+O_2 や**ニフッ化キセノン** XeF_2 などを流すこともある．プラズマ中にはイオン，電子，励起状態の原子，**励起活性種**(ラジカルという)などが混在する．このようなエッチング法を**反応性イオンエッチング**(または**リアクティブイオンエッチング**(**RIE** と略記))といい，エッチング速度が数十倍速くなる．プラズマ中には活性イオンやラジカルがあるが，ラジカルの密度が桁違いに大きいのが特徴である．エッチングの生産性が高いので，シリコン基板以外に，Al や SiO_2, AlSi などのエッチングにも応用される．

反応性イオンエッチングに流すガスの種類は用途により異なる．**表 9.2** に反応性イオンエッチングで使用されるガスの種類を示す．

参考文献
1) W. Kern and D. A. Poutinen：Clean solutions based on hydrogen peroxide for use in silicon semiconductor technology. *RCA Review*, **31**, 187, 1970.

10
結晶シリコン系太陽電池の作製
—pn 接合の形成—

太陽電池の基本構造は pn 接合である．本章では，結晶 Si 系太陽電池へ pn 接合を形成する技術について述べる．

10.1 基板の仕様

太陽電池の作製で，はじめに決めるのが基板の仕様である．最近は，p 形多結晶基板を購入し，n 形ドーパントであるリン P を拡散させて n 層を形成するやり方が多い．基板の仕様例については前章(表 9.1 参照)に示したが，比抵抗は 0.5〜6 Ω cm の範囲のものが使用される．基板には，不純物ボロン B が添加された p 形基板がよく使用されるが，その濃度などはメーカによって幾分異なる．ボロンのおおよその濃度は 10^{17} cm^{-3} 程度のものが多い．シリコン基板の不純物濃度と抵抗率の関係は，すでに図 5.31 に示した．p 形基板の表面に n 層を形成するには，図 10.1 に示すように，基板の不純物濃度より大きい濃度の n 層を形成すればよい．このような半導体層を**補償半導体**という．n 層の形成には，基板を n 形ドーパントガス雰囲気中で加熱する．そのようなガスとして，**オキシ塩化リン** POCl$_3$ がよく使用される（図 6.5 参照）．

太陽電池には，図 10.2 に示すように，裏面に p$^+$ 層をもつものもある．第 7 章

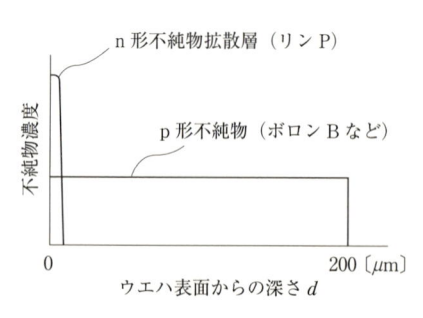

図 10.1 半導体補償による pn 接合の形成

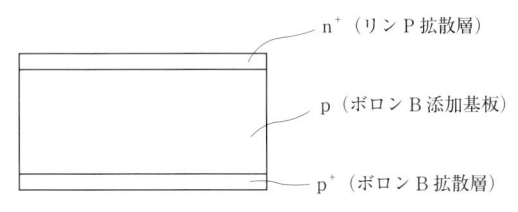

図 10.2 裏面に p^+ 層をもつ太陽電池

表 10.1 n 形および p 形ドーパントガスの特性

	オキシ塩化リン $POCl_3$	ジボラン B_2H_6	三臭化ホウ素 BBr_3
分子量	153.32	27.67	250.54
外観	液体 無色・刺激臭	気体 無色・ビタミン臭	液体 無色・刺激臭
ガスの比重 (空気を1とする)	5.32	0.965 (0℃, 0.1 MPa)	8.6
密度 (kg/l)	液体 (1.64)	ガス (1.18 g/l) 液体 (0.421) @ -92.8℃	液体 (2.63)
融点 (℃)	1.25	-164.9	-45
沸点 (℃)	105.8	-92.8	91
引火点 (℃)	非引火性	-32	非引火性
発火点 (℃)	不燃性	38〜52	不燃性

で述べたように，このような太陽電池を **BSF**（back surface field）**形太陽電池**という（図 7.2 参照）．このような構造にすることにより，光の照射で生成した電子と正孔がバンドを流れやすくなるので，変換効率が向上する．このような p^+ 層や p 層の形成には，**ジボラン** B_2H_6 や**三臭化ホウ素** BBr_3 を使用して，ボロン B を拡散させる．これらのガスの特性を**表 10.1** に示す．なお，これらのガスは非常に危険であるため，取り扱いには細心の注意が必要である．

10.2 拡散炉による pn 接合の形成

不純物の拡散には電気炉を用いる．一例として，$POCl_3$ を用いてリン P を拡散させる方法を述べる．この方法の概要は図 6.5 に示したが，より詳細を**図 10.3** に示す．まず，あらかじめ洗浄したシリコン基板を図 6.5 に示したように石英製治具に並べる．石英はガラスの一種であるが，融点が高く約 1200℃ である．

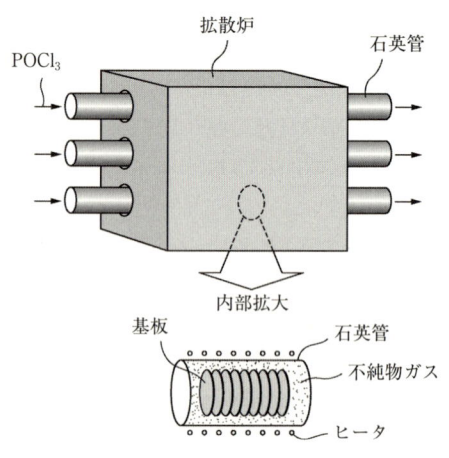

図10.3 生産現場における拡散炉

　一般に，このような電気炉を**拡散炉**という．pn 接合を形成する温度は約 700〜850℃である．なお，$POCl_3$ は液体であるため，気体にするには，図6.5に示したようにバブラに窒素 N_2 を流して気体にする．気体になった $POCl_3$ はキャリアガス N_2 によって石英管へ搬送される．キャリアガスは窒素 N_2 と酸素 O_2 の混合である．

　電気炉からの排ガスに含まれる毒性ガスは除害装置で除去される．なお，各種ガスが電気炉や配管内に溜まった状態で停電が起こると非常に危険であるため，無停電電源が不可欠である．実際の拡散工程では図10.3に示すように，複数の石英管が使用される．リン P が拡散する深さは基板の種類，温度，ガスの種類，拡散時間などに依存する．なお，950℃以上では，シリコン基板の結晶性が劣化するので，通常の拡散は 850℃程度で行う．太陽電池製造ラインでの拡散条件はメーカによって異なる．

11
結晶シリコン系太陽電池の電極形成法

　本章では結晶 Si 系太陽電池の電極形成法について述べる．電極には表面電極と裏面電極があるが，表面電極を中心に述べる．

11.1　スクリーン印刷に関する専門用語

　結晶 Si 系太陽電池が開発された 1950 年代から 1980 年代まで，太陽電池の電極は主として**真空蒸着法**などで形成された．この方法では，くし（櫛）の形状の薄い金属製マスクを太陽電池の表面に被せ，金属（例えば銀など）の蒸気を真空中で蒸着する．この方法で，くし形の電極が太陽電池の表面に形成される．このような方法を物理的方法という．しかし，この方法は量産性に適していないため，その後，**スクリーン印刷法**が用いられるようになった．以下，この方法について述べるが，あらかじめ関連する用語を知っておくと便利である．

（1）　スクリーン
　日本では古来から，日差しを遮るため，薄く透き通った絹織物を使用した．このような布を**紗**といい，英語名で**スクリーン**（screen）という．このようなスクリーンを紙の表面において，上から毛筆で字を書くと，墨汁がスクリーンを透過し，字を描くことができる．この原理は謄写版と同じである．太陽電池の電極形成には，以下に述べるように，これと似た方法が応用されている．太陽電池の電極形成に使用されるスクリーンはステンレス製あるいは合成樹脂製である．スクリーンを用いて電極を形成することを「スクリーン印刷法による電極形成」という．

（2）　感光性樹脂
　水に溶ける樹脂を**水溶性樹脂**（water-based resin）という．ある種の水溶性樹脂に紫外線を照射すると，照射された部分で高分子の架橋反応が起こり**硬化**し，

水に溶けなくなる．このような樹脂を**感光性樹脂**という．紫外線照射により架橋反応する水溶性樹脂を**水溶性感光剤**（water-soluble photopolymer）または**感光乳剤**という．作業現場では単に**乳剤**ということもある．

(3) スクリーンから版ができるまで

スクリーンの形状を定性的に**図 11.1**(a) に示す．同図に示したスクリーンの**孔**（または**穴**）は矩形に近いメッシュである．孔の一辺を**オープニング**といい，1インチあたりの糸数を**メッシュ数**という．まず，図 11.1(b) に示すように，スクリーンの表面と裏面に水溶性感光樹脂を塗布して乾燥させると，図 11.1(c) に示すような**版**ができる．図 11.1(c) には，文字「日」があるが，この文字がない状態のものを版という．典型的な版の仕様を以下に述べる．

- スクリーン糸の直径： 30～80 μm
- スクリーン自体の厚さ： 60～150 μm
- オープニング： 30～450 μm
- 乳剤の厚さ： 12～700 μm

(4) エマルション

エマルション（または**エマルジョン**）を乳剤あるいは**乳濁液**という．エマルションは2種類の相から構成される液状の分散系溶液である．身近なものとして，木

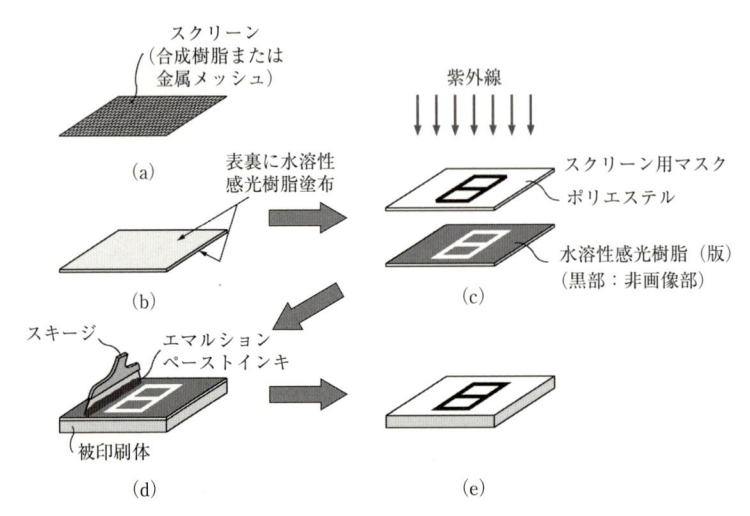

図 11.1 スクリーン印刷による電極形成工程

エボンドがある．太陽電池の電極形成に使用する乳液には，いろいろの物質が混合されており，一般に企業のノウハウになっている．そのため乳液を無断で製造しないように，乳液の購入時に契約を交わすことがある．

(5) スキージ

図 11.1(d) に示すように，スキージの形状は，障子張りで用いる刷毛に似ているが，先にゴム板がついている．スキージの英語名は squeeze である．スキージは電極形成に掃引して使用する．典型的な掃引スピードは毎秒 1～30 cm 程度である．

11.2 スクリーン印刷による表面電極の形成

図 11.1(c) に示した版に，特定の形状の「孔」(同図では目の字) を形成する方法を述べる．まず，版に**スクリーン用のマスク**を被せる．なお，図 11.1(c) では，わかりやすくするために，スクリーン用マスクと版を離して描いてあるが，現場ではこれらは重ねられているので注意されたい．図のスクリーン用マスクには黒い目の字が描いてある．この字の部分は紫外線を透過しない．版に塗布された感光樹脂は，紫外線が照射された部分のみが硬化して水に溶けなくなる．紫外線照射後，図 11.1(c) の版を水に浸けると，目の部分が溶け，メッシュだけになる．できあがった版を図 11.1(d) のように，被印刷物（太陽電池）の表面に被せる．次に版の表面に，スキージで銀 Ag を含んだエマルションを均一に塗布する．エマルションはメッシュを透過し，被印刷物の表面に付着し，最終的に目の字が印刷される．このような工程で印刷された Ag 系電極を熱処理すると，乳液に含まれている有機物が蒸発し，銀のみが残る．次に太陽電池全体を熱処理すると Ag 系電極ができあがる．Ag の表面に，銅 Cu とスズ Sn をメッキし，その上にハンダを被覆することもある．最終的に，電極の表面から**反射防止膜 ARC** を形成する．電極形成前に，スパッタリングなどで，例えば TiO_2 の反射防止膜を形成し，その上に，スクリーン印刷法で，Ag 系電極を形成する方法もある．最終的に電極を高温（例えば 800℃）で熱処理すると，Ag は熱拡散により TiO_2 層を透過し，電極が形成される．

11.3　インクジェットによる表面電極の形成

pn 接合を形成した後，インクジェットにより表面に電極を形成する方法がある．このような方法を**ダイレクトプリンティング**という．インクには銀系の金属粒子が含まれている．この方法を定性的に，**図 11.2** に示す．プリンティングの終了後，前節で述べたような熱処理を行う．

11.4　表面電極の形状とインターコネクタの結線

電極形状はメーカによって幾分異なるが，その例を図 1.1(a) に示した．スクリーン印刷やインクジェットで形成された電極（バスバー）に**インターコネクタ**をハンダ付けする．インターコネクタの典型的な幅は約 2 mm である．インターコネクタは銅線であるが，表面がハンダめっきされている．**図 11.3** に市販されているインターコネクタの図を示す．

11.5　物理的方法による表面電極の形成

電極を形成するには，金属の蒸着などによる方法がある．この種の方法を物理的方法（PVD：physical vapor deposition）という．本節では代表的な PVD について述べる．PVD でよく知られているのに，**スパッタリング法**や**真空蒸着**がある．ただし，これらの方法は「バッチ方式」で行うため，流れ作業で行うことができないので生産性に劣る．「バッチ方式」では，複数個の太陽電池を連続して処理することができないからである．batch には「一束」「一かまど」などの意味がある．太陽電池の製造工程では，11.2 節および 11.3 節に述べた印刷法やインクジェッ

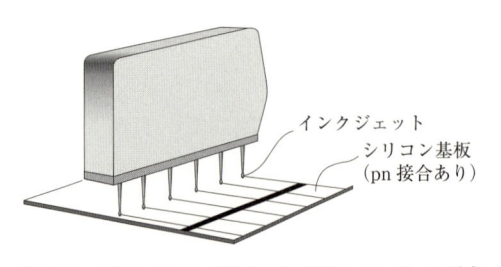

図 11.2　プリンティング法による電極フィンガーの形成

図 11.3　市販されているインターコネクタ

ト法が使用される．以下の物理的方法は実験室レベルでよく使用される．

(1) 真空蒸着法

真空蒸着機の内部は真空であるが，内部に図 11.4(a) に示すように 1500〜2500℃に加熱された金属性**るつぼ**（形状によっては**ボート**ということもある）があり，その中に，ある種の金属が融解されている．ボートを加熱する方法には 2 種類の方法がある．1 つはボートに電流を流して加熱する方法である．ボートは電気抵抗をもっているため，電流を流すと抵抗によりジュール熱が発生し加熱する．ボートの素材として，タンタル Ta，タングステン W あるいはモリブデン Mo などが利用される．

他の方法は図 11.4(b) に示すように，金属性るつぼに高融点の金属を入れ，高速電子ビームを照射して加熱する方法である．電子ビームで照射された部分は加熱されて融解する．このような真空蒸着機を**電子ビーム蒸着機**という．電子ビームを発生する部分を**電子ビームガン**という．この種の蒸着機は融点の高い金属の蒸着に使用されるが，電子ビームガンは非常に高価である．上述のボートやるつぼに，例えば銀（融点約 800℃）を入れて加熱すると，銀の蒸気がるつぼから蒸発し，基板の表面に蒸着される．

太陽電池の電極形成には，Ti, Ag, Al, Ni, Pd などの金属が使用される．すでに述べたように，太陽電池の電極形成には，Ag がよく蒸着される．Ag 層の厚みは数 μm である．ただし，Ag を n 形 Si 層に蒸着すると，Ag と Si 界面にショットキー障壁による抵抗が生ずる．このような抵抗をなくすために Ag と n 形 Si

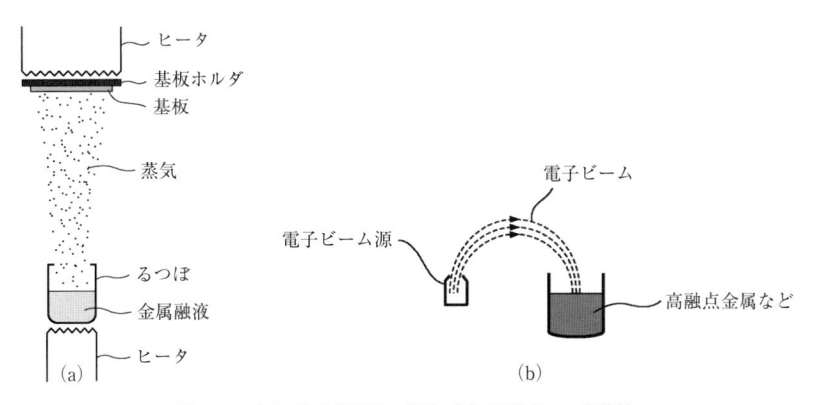

図 11.4 (a) 真空蒸着機の構造 (b) 電子ビーム蒸着機

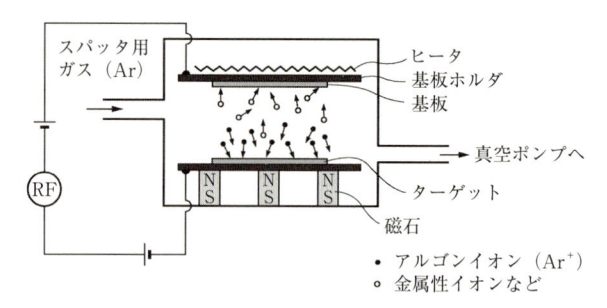

図 11.5　スパッタリングによる基板表面への成膜

層の間に Ti 層などを挿入することがある．電極の信頼性向上のため，Ti と Ag の間に Pd を薄く挿入することもあるが，Pd は貴金属であるため，できるだけ使用を抑制するのが望ましい．Ti 層の典型的な厚さは $0.5\,\mu m$ 程度である．Ag は空気中で酸化されて変色するので，電極 Ag の表面にハンダを被覆する．

(2)　スパッタリング法

太陽電池の電極形成に**スパッタリング法**がある．この方法では，図 11.5 に示すように，チェンバ内に不活性ガス（Ar など）のプラズマを発生させる．Ar イオンが同図の下方に設置された**ターゲット**に衝突すると，ターゲット表面の原子が飛ばされる．飛ばされた原子などは図 11.5 の上のほうに設置された基板の表面に堆積し，電極が形成される．なお，ターゲットには高価な単結晶を使用する必要はなく，低価格の多結晶やセラミックスで十分である．

図 11.6　裏面電極の外観

11.6 裏面電極の形成

裏面電極の形成法について述べる．まず，Ag あるいは Al を含んだ乳液を容器に入れ，乳液を所定の面に流し，印刷法で裏面電極を形成する．例えば，裏面に Al を含んだ乳液を流した後，550～600℃で，20～30分間熱処理すると裏面電極ができる．熱処理することを**アニーリング**（あるいは**アニール**）するという．銀薄膜の酸化を防止するために，表面にアルミニウム薄膜を形成することがある．構造の詳細はメーカによって幾分異なる．裏面電極も表面電極と同じく自動ラインで形成される．裏面電極の外観を**図 11.6** に示す．

12
反射防止膜の物性と形成法

太陽電池に入射した太陽光の一部は反射される．反射により太陽電池の出力が低下するので，できるだけ反射を抑制することが望ましい．太陽電池の表面には反射を抑制する反射防止膜が形成されている．反射防止膜にはいくつかの種類がある．本章では各種反射防止膜の物性と形成法について述べる．

12.1 各種反射防止膜の物性特性

(1) 光学特性

太陽電池の表面には入射した太陽光の反射をできるだけ抑制するために，**反射防止膜**（ARC：anti-reflective coating）が形成されている．反射防止膜がないと，太陽電池の反射係数が大きく，入射光の 30～50% が反射される．特に短波長帯では屈折率が大きいため反射率が大きい．反射防止膜に酸化物などがあるが，ARC の素材は太陽電池によって異なる．結晶 Si 系太陽電池，アモルファス

表 12.1 反射防止膜用の物質と特性

物質	誘導率 ε	屈折率 n	禁示帯幅 E_g〔eV〕
Al_2O_3	9～10.8	1.76～1.86	8.7
CeO_2	—	1.90	—
ITO	—	2.06	4.17（10% SnO_2）
MgF_2	11	1.44	
La_2O_3	30	1.88	4.3
SiO	—	1.8～1.9	—
SiO_2	3.4～3.9	1.44	8.9
Si_3N_4	7～7.4	2.0	5.1
SnO_2	75.7	2.0	4.02
Ta_2O_5	26	2.2～2.3	4.5
TiO_2	80～85	2.3	3.5
Y_2O_3	15	1.87	5.6
ZnO	8.3	2.1	3.44
ZrO_2	25	2.05	7.8

屈折率は波長 500～550 nm の光に対する値．

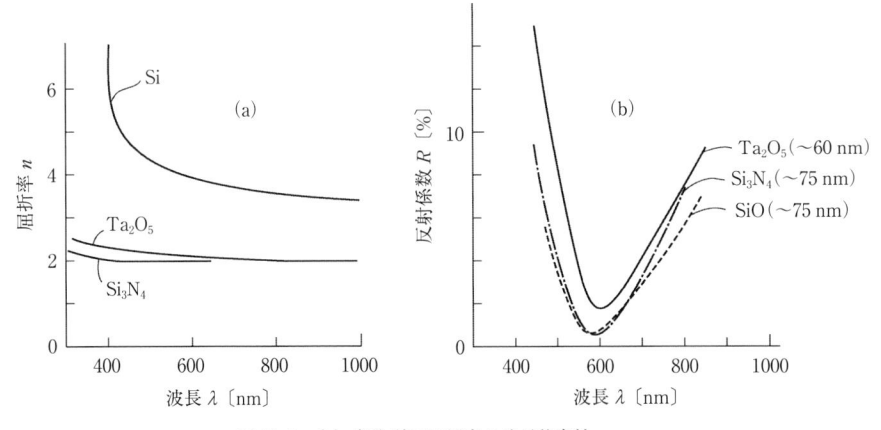

図 12.1 (a) 各物質の屈折率の波長依存性
(b) Si 基板上に形成した薄膜の反射係数

Si 系太陽電池，GaAlAs/GaAs 系太陽電池には SiO_2，SiN_x（Si_3N_4 など）や Ta_2O_5 などが用いられ，CuInGaSe 太陽電池には ZnO などが用いられる．各種反射防止膜材料の屈折率などの光学特性を**表 12.1** に示す．なお，同表に記載した屈折率は波長が約 500〜550 nm の光に対する概算である．同表はいくつかの文献を参考にしてまとめたものである．屈折率などは作製方法や膜厚に依存する．

(2) 屈折率の波長依存性

一般に屈折率は波長に依存する．各物質の屈折率の波長依存性を**図 12.1**(a) に示す．屈折率が 2 の場合，ARC の典型的な厚さは 70 nm である．

図 12.1(a) に示したように，波長 500 nm に対する結晶 Si の屈折率は約 4.5 である．半導体 GaAs の屈折率の波長依存性も Si と類似の傾向を示し，波長 600 nm 以上の波長では Si と GaAs の屈折率はほとんど同じである．ARC をコートした Si 太陽電池の反射係数 $R(\%)$ を図 12.1(b) に示す．反射防止膜の素材としてよく使用されるのが SiO_2 や SiN_x などである．以下，これらの素材について述べる．

12.2 二酸化ケイ素（SiO_2）の特性

(1) SiO_2 膜の構造

単結晶 SiO_2 の基本構造は図 9.1(a) に示したように正四面体である．アモルファ

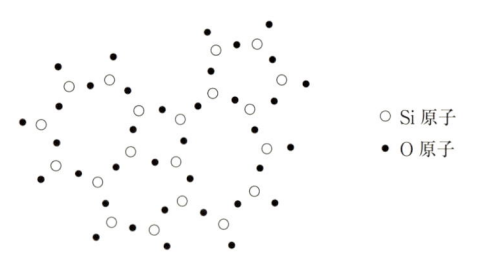

図 12.2 アモルファス SiO_2 の構造

表 12.2 SiO_2 の特性

性　質	形成法〔〕内は形成温度			
	熱酸化 〔1000℃〕	$SiH_4 + O_2$ 〔450℃〕 (常圧 CVD または減圧 CVD)	TEOS[*1] 〔700℃〕	$SiCl_2H_2$[*2] $+ N_2O$ 〔900℃〕
組成	SiO_2	$SiO_2(H)$	SiO_2	$SiO_2(Cl)$
密度（g/cm³）	2.2	2.1	2.2	2.2
屈折率	1.46	1.44	1.46	1.46
絶縁強度（10^6 V/cm）	>10	8	10	10
エッチ速度（Å/min）($HF:H_2O = 1:100$)	30	60	30	30

[*1] テトラエチルオルソシリケイト．$Si(OC_2H_5)_4$；液体
[*2] ジクロロシラン．

ス SiO_2 の結晶構造を二次元的に図 12.2 に示す．

(2) SiO_2 膜の特性

SiO_2 の屈折率などの物性は形成方法により幾分異なる．表 12.2 に SiO_2 膜の形成方法と特性を示す．なお，SiO_2 膜の形成法に関しては次節で述べる．SiO_2 の密度は約 2.2 g/cm³ で，屈折率は 1.44〜1.46 である．SiO_2 膜は水で希釈した HF（$HF:H_2O=1:100$）でエッチングでき，その速度は毎分約 3 nm である．

12.3　二酸化ケイ素の形成方法

(1) 自然酸化膜 SiO_2

シリコン基板の表面には，自然酸化により SiO_2 が形成され，その厚さは徐々に深くなるが，最終的に 3〜5 nm の厚さになり，それ以上増加しない．
9.5 節および前節で述べたように，SiO_2 は HF でエッチングできる．しかし，

完全なエッチングは困難であり，基板表面に 2〜3 原子層の SiO_2 が残る．エッチングの反応式を式（12.1）に示す．この反応は**発熱反応**である．エッチングの途中に，基板近傍にエッチャントの淀みを生ずるので，均一にエッチングするにはエッチャントを攪拌する必要がある．典型的なエッチング速度は 5〜25 $\mu m/min$ である．

$$SiO_2 + 6HF \rightarrow H_2SiF_6 + 2H_2O \tag{12.1}$$

なお，シリコン基板そのものをエッチングする方法に，硝酸 HNO_3 などの酸を用いたエッチングと，KOH や NaOH などのアルカリ溶液を用いたエッチングがある．前者を**酸系化学エッチング**といい，後者を**アルカリ化学エッチング**という．反応式は下記のとおりである．この種のエッチングは LSI の製造工程でよく使用される．なお，エッチング速度は結晶面の方位に強く依存する．(100) 面と (110) 面のエッチング速度はほぼ等しいが，(111) 面のエッチング速度は非常に遅い．

$$Si + 4HNO_3 \rightarrow SiO_2 + 4NO_2 + 2H_2O \tag{12.2}$$
$$Si + H_2O + 2KOH \rightarrow K_2SiO_3 + 2H_2 \tag{12.3}$$

(2) 常圧 CVD 法による SiO_2 膜の形成

表 12.2 に記載した SiO_2 の形成法の 1 つである**熱酸化**について述べる．熱酸化は太陽電池の製造にはほとんど用いられていないが，半導体デバイス作製の基本技術であるため参考まで述べる．熱酸化とはシリコン基板の表面に酸素 O_2 または水蒸気 H_2O を流して，基板表面を酸化させる方法である．**図 12.3** に示すように，抵抗加熱型電気炉の中にシリコン基板を並べて，酸素 O_2 または水蒸気 H_2O を流す．図 12.3 に示したような装置を**常圧 CVD**（chemical vapor deposition）というが，基板を保持する石英製ボートだけでなく，石英管も加熱されるので**ホットウォール型電気炉**という．基板の温度は 900〜1200℃で，ガスの流速は典型的に約 1 cm/s である．酸素 O_2 または水蒸気 H_2O による酸化反応式は下記のとおり

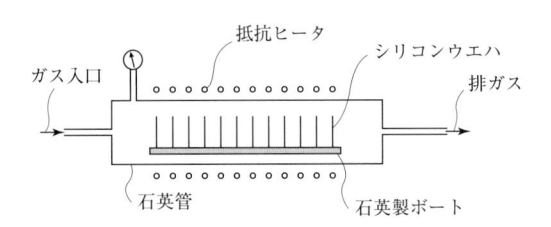

図 12.3 常圧 CVD 法による SiO_2 の形成

である．

$$Si（固体）+O_2（気体） \rightarrow SiO_2（固体） \tag{12.4}$$
$$Si（固体）+2H_2O（気体） \rightarrow SiO_2（固体）+2H_2 \tag{12.5}$$

(3) LPCVD による SiO_2 膜の形成

シリコン基板上に SiO_2 膜などを形成する装置に，ホットウォール**減圧CVD（LPCVD）**や**プラズマ CVD** がある．LP は low pressure の略称である．LPCVD の構造は，図 12.3 に示した常圧 CVD と基本的に同じであるが，ガス圧が低い．典型的な成膜条件は圧力 30～250 Pa（0.25～2 トール），ガスの流速 1～10 cm/s，温度 300～900℃である．この成長法により，均一性に優れた高品位の膜が得られるが，連続して処理することができない**バッチ処理**である．

図 12.4 に示したプラズマ CVD の反応室には 2 つの Al の電極があり，高周波電圧が印加される．高周波電圧によりプラズマ放電が起こる．基板は抵抗加熱によって，あらかじめ 100～400 に加熱された電極板の表面に置かれる．この方法は比較的低温で成膜できる利点がある．常圧 CVD および減圧 CVD で SiO_2 膜を形成する場合，シラン SiH_4 と酸素 O_2 を流すことがある．このときの基板温度は 300～500℃で，SiO_2 は下記の反応式により堆積する．

$$SiH_4 + O_2 \rightarrow SiO_2 + 2H_2 \quad (450℃) \tag{12.6}$$

テトラエチルオルソシリケイト $Si(OC_2H_5)_4$（**TEOS** と略記する）を用いて SiO_2 を形成することもできる．ただし TEOS は液体であるため，図 6.5 に示したようなバブラーを用いて，気体状態にして反応管へ流さなければならない．基板の温度は約 700℃で，化学反応式は下記のとおりである．

$$Si(OC_2H_5)_4 \rightarrow SiO_2 + 副産物（Si の有機化合物）（700℃） \tag{12.7}$$

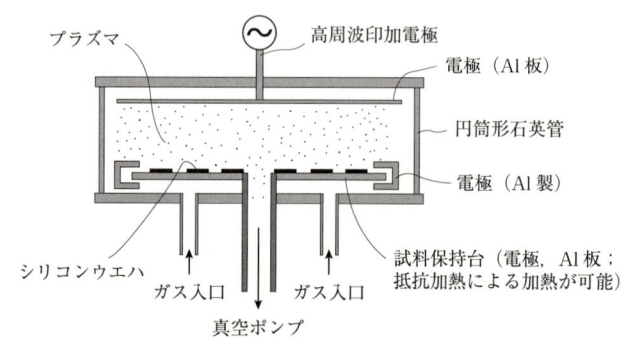

図 12.4 プラズマ CVD

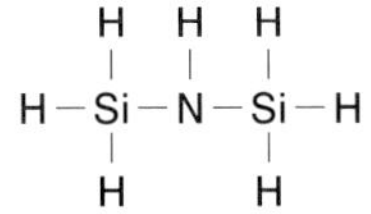

$$\begin{array}{c} \text{H} \quad \text{H} \quad \text{H} \\ | \quad\quad | \quad\quad | \\ \text{H}-\text{Si}-\text{N}-\text{Si}-\text{H} \\ | \quad\quad\quad\quad | \\ \text{H} \quad\quad\quad \text{H} \end{array}$$

ジシラザン（disilazane, SiH_3-NH-SiH_3）

図 12.5 ジシラザンの分子構造

SiH_4 および $Si(OC_2H_5)_4$ を用いた場合の SiO_2 の形成速度は $\exp(-E_a/kT)$ のように変化する．ここで，E_a は活性化エネルギーである．SiH_4 と O_2 の活性化エネルギーは比較的小さくいずれも約 $0.6\,\mathrm{eV}$ であり，$Si(OC_2H_5)_4$ の活性化エネルギーは約 $1.9\,\mathrm{eV}$ である．

ジクロロシラン（$SiCl_2H_2$）と窒素酸化物 N_2O を用いた LPCVD で SiO_2 を形成することもできるが，堆積温度は約 900℃ である．反応式は下記のとおりである．

$$SiCl_2H_2 + 2N_2O \rightarrow SiO_2 + 2N_2 + 2HCl \ (900℃) \tag{12.8}$$

12.4 窒化シリコン（Si_3N_4）膜の形成

Si_3N_4 は非常に強固な膜であり，耐水性に優れているため太陽電池や LSI によく使用される．Si_3N_4 の屈折率は 2.0 程度である．Si_3N_4 は中程度の温度（約 750℃）の減圧 CVD や低温プラズマ CVD（300℃）で形成することができる．Si_3N_4 の密度は約 $2.9 \sim 3.1\,\mathrm{g/cm^3}$ で，SiO_2 膜（約 2.2）に比べて大きい．Si_3N_4 は図 12.5 に示したジシラザンなどを用いたプラズマ CVD で堆積できる．ジシラザンは 2 個のシラン SiH_4 分子が結合したような意味合いをもつ．

12.5 物理的方法による反射防止膜の形成法

反射防止膜を物理的に形成（堆積）する装置に，スパッタ装置や真空蒸着がある．本節では，これらの装置の基本的な構造について述べる．

(1) スパッタリング法

スパッタ装置を用いると半導体基板上に金属製電極だけでなく酸化物反射防止膜も形成できる．反射防止膜として用いられる SiO, CeO_2, TiO_2, Ta_2O_5, ITO 膜などはスパッタ装置で形成できる．形成時の基板温度は酸化物によって異なるが，例えば ITO 膜形成時の典型的な基板温度は 100〜250℃ である．

(2) 電子ビーム蒸着法

電子ビーム蒸着機を用いて反射防止膜を形成することができる．Ta_2O_5 や MgF_2 などは，この方法で形成できる．蒸着方法は図 11.4 と似ているが，金属性微粒子の蒸着と同時に，基板に酸素を吹き付けて酸化物を形成する．

12.6 反射防止膜の反射率と厚さの設計

本節では，反射防止膜の反射率の測定法について述べる．半導体表面に形成した薄膜の厚さを d とする．図 12.6 に示すように，波長 λ_1 の光①を表面に垂直に照射する．各層の屈折率および波長を，それぞれ $n_i (i = 1, 2, 3)$ および λ_i とする．なお，図 12.6 では，見やすくするため，入射角を故意に傾けてあるので注意されたい．光学の基礎によれば，図 12.6 に示した各層の屈折率と波長には次の関係式がある．

$$n_1 \lambda_1 = n_2 \lambda_2 \tag{12.9}$$

薄膜中での光の反射と位相をわかりやすくするため，図 12.7 を用いて説明する．入射光①の一部は薄膜の表面で反射されて①'となり，残りは薄膜に浸透する．浸透した光は半導体表面で反射されて②'となって膜から出てくる．この場合，重要な物理量は膜厚 d を通過する光の長さ（これを**光路差**という）である．光は電磁波の一種であるが，電磁波の基本的な性質によれば，光は反射するとき位相が反転する．図 12.6 および図 12.7 に示した光②の薄膜中の光路差は $2d$ である．図 12.7 では，d が波長 λ の整数倍（1 倍）であると仮定してある．

図 12.7 に示すように，①に対し①'の位相が反転する．同様に②'の位相も半導

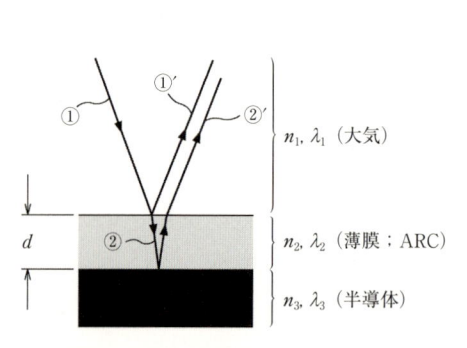

図 12.6 反射防止膜による反射と屈折
（光は垂直入射と仮定してある）

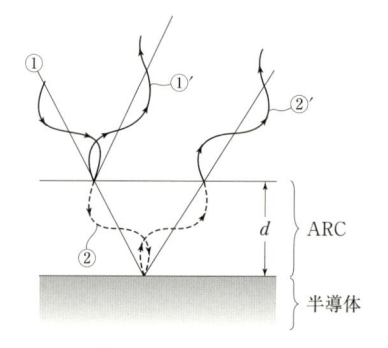

図 12.7 光の反射と位相の関係

体の表面で反射されるため，①の位相に比べて反転する．反射による位相の反転だけに注目すると，①′と②′の波は同位相となるので，①′と②′の合成波の強度は強くなる．光路差 $2d$ が次式に示したように λ_2 の半整数倍のとき，①′と②′の合成波は互いに打ち消しあうので弱くなる．

$$2d = \left(m + \frac{1}{2}\right)\lambda_2 \quad (m = 0, 1, 2, \cdots) \tag{12.10}$$

式（12.9）を用いると，上式は次のように表される．

$$2dn_2 = \left(m + \frac{1}{2}\right)n_1\lambda_1 \tag{12.11}$$

ここで，整数 m を 0 とおくと，上式は次のようになる．

$$4dn_2 = n_1\lambda_1 \tag{12.12}$$

参考まで，この上式を身近なメガネのガラスに応用する．ガラスのレンズに反射防止膜 MgF_2 が形成されていると仮定する．空気，MgF_2，およびガラスの屈折率は，それぞれ約 $1.0(=n_1)$，$1.38(=n_2)$ および $1.5(=n_3)$ である．例えば，波長が 550 nm の光の反射を防止する膜厚は式（12.13）から約 9 nm と求まる．

一般に，図 12.6 に示したように，薄膜に垂直に光が入射したとき，**反射率 R** は次のように与えられる．

$$R = \frac{r_1^2 + r_2^2 + 2r_1r_2\cos 2\theta}{1 + r_1^2 r_2^2 + 2r_1r_2\cos 2\theta} \tag{12.13}$$

ここで

$$r_1 = \frac{n_1 - n_2}{n_1 + n_2} \tag{12.14}$$

$$r_2 = \frac{n_2 - n_3}{n_2 + n_3} \tag{12.15}$$

$$\theta = \frac{2\pi n_2 d}{\lambda_1} \tag{12.16}$$

理論的に，膜からの反射をなくすためには R をゼロにすればよい．式（12.10）の d を式（12.16）に代入すると，$\cos\theta$ は -1 になる．この結果を式（12.13）に代入すると分子がゼロとなり，次式が得られる．

$$n_2^2 = n_1 \cdot n_3 \tag{12.17}$$

参考まで，$n_2 = n_3$ の場合，r_2 はゼロとなり反射係数 R は次のように与えられる．

$$R = \left(\frac{n_1 - n_2}{n_1 + n_2}\right)^2 \quad n_2 = n_3 \text{ のとき} \tag{12.18}$$

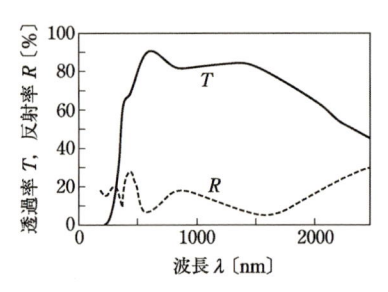

図 12.8　ITO 膜の光透過率の波長依存性[3]

12.7　ITO（インジウムスズ酸化物）

　アモルファス Si 太陽電池などの電極に，導電性透明膜である **ITO**（indium tin oxide）がよく使用される．ITO は**酸化インジウム** In_2O_3 と**酸化スズ** SnO_2 が混合したセラミックスで，SnO_2 の組成比は約 10 wt% である．ここで，wt% は重量 % を示す．ITO は禁止帯幅が約 2.8 eV の n 形半導体で，透明導電体である．しかも，KOH や NaOH で容易にエッチングできる．図 12.8 に ITO 膜の透過率と反射率の波長依存性を示す．太陽電池にとって重要な波長帯は 350〜1200 nm であるが，この波長帯の透過率は約 80% と高い．ただし，厳密には ITO の透過率は膜厚や成膜法に微妙に依存するので注意されたい．

12.8　多層反射防止膜の反射率

　上記に述べた反射防止膜は一層の場合である．反射率をさらに低減するために，種類が異なる薄膜を重ねた**二重層反射防止膜**や**三重層反射防止膜**がある．二重層にすることで反射損を 4% 程度まで低減することができる．二重層膜には，例えば SiO_2/Si_3N_4 や MgF_2/TiO_2 などがある．屈折率が大きい Ta_2O_5 もよく使用される．二重層反射防止膜を形成する場合，屈折率の大きい素材を下のほうに形成する．すなわち，屈折率が大きい膜が基板に接触している．図 12.9 は二重層 SiO_2/Si_3N_4 の構造例である．同図では基板を Si と仮定している．Si の屈折率は波長に依存するが，同図では Si 基板の屈折率を約 4.7 と仮定している．このような二重層反射防止膜などの特性を表 12.3 に示す．理論によれば，SiO_2 および Si_3N_4 の厚さは，それぞれ約 100 nm および 56.8 nm である．実験的には SiO_2 の

太陽光

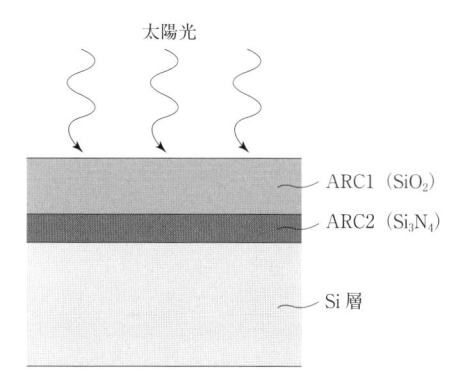

ARC1（SiO$_2$）
ARC2（Si$_3$N$_4$）
Si層

図 12.9 二重層膜の構造例

表 12.3 二重層反射防止膜 SiO$_2$/Si$_3$N$_4$ の厚さの最適値と実験データ

ARCの種類	ARC1（SiO$_2$）		ARC2（Si$_3$N$_4$）		太陽光の透過率〔%〕
	厚さ〔nm〕	屈折率	厚さ〔nm〕	屈折率	
膜の厚さと屈折率（理論）	100	1.37	56.8	2.54	98.9
膜の厚さと屈折率（実験）	47.3	1.46	59.8	2.00	95.1
Si$_3$N$_4$膜単一層（実験）	—	—	75.4	1.95	94.4

厚さは 47.3 nm で，Si$_3$N$_4$ の厚さは 59.8 nm である．ただし，実験値は薄膜の堆積法や品質に依存するので，表 12.3 に示した実験値は目安であることに注意されたい．

12.9★ エリプソメータによる光学的特性の測定

反射防止膜（ARC）の屈折率や膜厚の測定には**エリプソメータ**（ellipsometer）で計測される．エリプソメータは，薄膜に照射した光の**偏光角**が薄膜の屈折率と厚さに依存することを利用している．この種の光学は偏光解析法（ellipsometry）といわれ，古くから研究されている．ellipsometry は ellipse（エリプソ）と metry の合成語である．ellipse は「長円」あるいは「楕円」の意味である．これは光が伝搬する場合，「一般に，光の偏光面は楕円になっている」ことを意味している．なお，偏光に関しては『電子物性とデバイス工学』（菅原和士著）を参照されたい．**図 12.10** および**図 12.11** にエリプソメータの測定概要および外観を

示す.まず,図12.10(a)に示した入射光が試料面に入射して反射すると仮定する.図12.10(b)に示すように,入射光を横切り,かつ試料面に垂直な面を入射面という.入射面に平行な方向(あるいは軸)を p 軸とする.p は「parallel＝平行な」の意味である.p 軸と入射面に垂直な方向(軸)を s 軸とする.s はドイツ語の「senkrecht(英 perpendicular)＝垂直な」という意味である.入射光および反射光の偏光成分を,それぞれ r_p および r_s とする.これらの物理量は複素数である.エリプソメータは次式で与えられる複素数の比を測定する.このように,エリプソメータは偏光方向の変化を測定することにより,試料の光学特性に関する情報を得るのである.最近は高性能エリプソメータが開発され,厚さ 0.1 nm～1 μm の測定が容易にできるようになった.屈折率の測定精度は約 ±0.01 である.

$$\rho = r_p/r_s \tag{12.19}$$

市販されているエリプソメータの典型的な仕様を下記に示す.

《物質》
・半導体および誘電体への応用
・反射防止膜
・多層コーティング膜
・ガラスおよびコーティングガラス

《測定できる特性》
・屈折率
・吸収係数
・表面化学特性
・表面および中間面の粗さ
・表面温度
・多層構造の各膜厚
・表面の化学特性
・成分組成比
・合金比率

《仕様》
測定波長範囲:190～1700 nm
入射角の可変範囲:12～90°
測定時間:1 波長あたり 1～2 秒

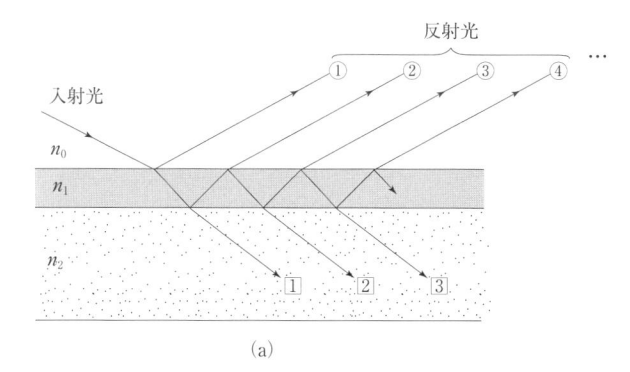

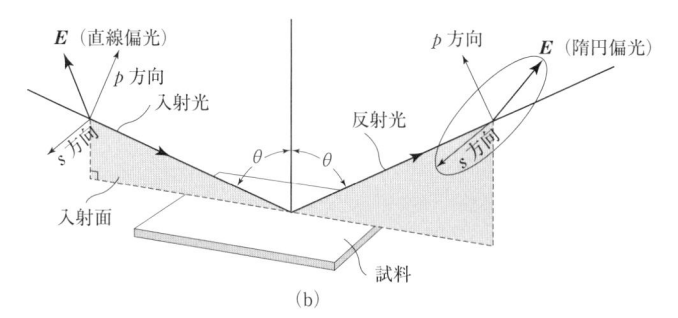

12.9★ エリプソメータによる光学的特性の測定

(a)

(b)

図 12.10 エリプソメータによる測定法の概要

図 12.11 エリプソメータの外観
(提供：ジェー・エー・ウーラム・ジャパン（株））

表 12.4 太陽電池の典型的な仕様

	単結晶 Si 系太陽電池	多結晶 Si 系太陽電池
変換効率〔%：AM 1.5〕	16.8〜17	16.2〜16.4
出力〔W〕	4.02〜4.07	3.9〜4
最大出力電流〔A〕	7.7	7.6
短絡電流〔A〕	8.2	8.2
最大出力電圧〔V〕	0.526	0.522
開放電圧〔V〕	0.62	0.62

セルのサイズはいずれも 15.6 mm×15.6 mm.

12.10　結晶シリコン系太陽電池の仕様例

　以上に，太陽電池セルの作製工程と特性評価法を述べた．最終的に作製した太陽電池の典型的な仕様を表 12.4 に示す．

参考文献
1) 浜川圭弘, 桑野幸徳編：『太陽エネルギー工学』, 培風館, 1997.
2) 菅原和士：『新エネルギー技術 − 太陽電池・燃料電池・二次電池・スーパーキャパシタ・風力発電』, 日本理工出版会, 2009.
3) 内海健太郎, 飯草仁志：InO_3-SnO_2 系透明導電膜における電気光学特性の SnO_2 量依存性. 東ソー研究技術報告, 47, 11, 2003.
4) 菅原和士：『電子物性とデバイス工学』, 日本理工出版会, 2007.

13
結晶シリコン系太陽電池モジュールの構造と作製法

太陽電池モジュールの構造は太陽電池の種類によって異なる．本章では，結晶Si系太陽電池モジュールの構造と作製法を中心に述べる．

13.1 結晶シリコン系太陽電池モジュールの種類と構造

(1) モジュールの構造

結晶Si系太陽電池モジュールの構造は図13.1に示すように3種類ある．同図に示すように，各太陽電池は導線（インターコネクタ）で接続されている．インターコネクタの素材は銅線であるが，表面がハンダで被覆（コート）されている．インターコネクタに関しては11.3節でも述べたが，幅および厚さはそれぞれ約2mmおよび約100μmである．図13.1(a)に示した構造を**サブストレート方式**という．同図に示したモジュール支持板にはアルミがよく使用される．結線した

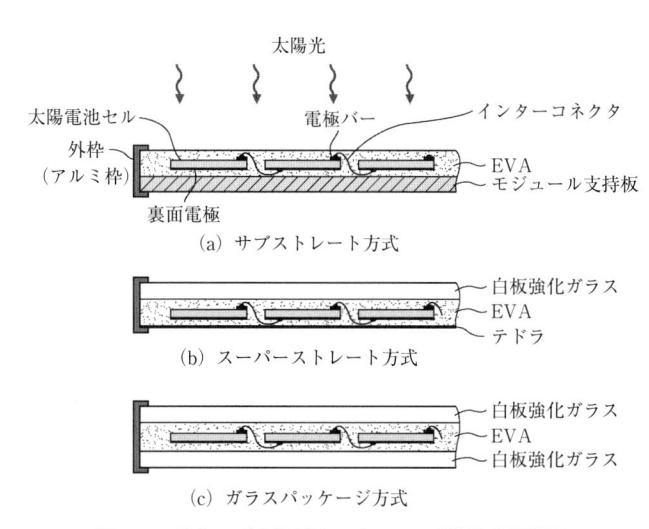

図13.1 結晶Si系太陽電池モジュールの種類と断面構造

太陽電池の両面は合成樹脂で封止されている．封止材として **EVA**（デュポン社の商標名）が広く使用される．図 13.1(b) では表面に透明度の高い白板ガラスがあり，裏面には，耐環境に優れた樹脂（例えば**テドラ**）が使用される．このような構造を**スーパーストレート方式**といい，現在，市場で主流なモジュールはこの種の構造である．アモルファス Si 太陽電池モジュールの構造も基本的にスーパーストレート方式であるが，作製には**レーザパターンニング**という方法を用い，透明電極の形成からモジュール組立てまで，一貫した工程で作製される．図 13.1(c) では，太陽電池が 2 枚のガラス板に挟まれており，**ガラスパッケージ方式**と呼ばれる．

(2) モジュール，パネル，アレイ

現在，結晶 Si 系太陽電池モジュールの最も大きい出力は 220 W 程度である．30〜40 W 以下のモジュールを**小型モジュール**と呼ぶが，明確な区分はない．太陽光発電システムでは，複数個のモジュールを電気的に並直列に接続して使用する．複数のモジュールを電気的にシステム化したものを**パネル**という．さらに複数のパネルをシステム化したものを**アレイ**というが，必ずしも明確な区別はない．海外ではモジュールをパネルと呼ぶ傾向がある．

13.2 モジュール作製に関する用語

結晶 Si 系太陽電池モジュールを作製するとき，種々の部材を使用する．本節では主要な部材の用語について述べる．

(1) 高分子（ポリマー）の架橋

高分子に関する用語に**架橋**（cross linking）がある．これはポリマー鎖同士を繋ぐことを意味する．架橋は，例えば，あるポリマー鎖に結合している「基」と別のポリマー鎖に結合している「基」が結合することである．架橋を定性的に図 13.2 に示す．結合の仕方には，共有結合による架橋，イオン結合による架橋，ポリマー鎖同士の絡み合いによる架橋などがある．

(2) モジュール作製に関する部品と用語
(i) ハンダとその種類

従来，広く使われてきた**ハンダ**は，スズ Sn と鉛 Pb の合金ハンダである（一

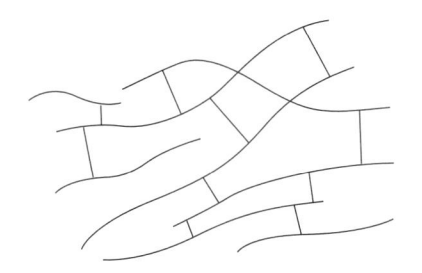

図 13.2　高分子（ポリマー）の架橋

般にハンダを「はんだ」と書くが，文章の前後で読みにくいことがあるので，本書ではハンダと書く）．ハンダの融点は構成元素の組成比に依存する．一般によく使用されている $Sn_{63}Pb_{37}$ の融点は約 183℃である．Pb は公害物質であるため，最近は Pb を含まないハンダが主流になりつつある．このようなハンダを**無鉛ハンダ**あるいは**鉛フリーハンダ**という．無鉛ハンダには多くの種類があるが，よく使用されている 1 つに Sn-Ag-Cu 系がある．このハンダの組成比は，例えば Sn：Ag：Cu＝3：0.5：1 で非常に使いやすい．ただし，このハンダの**こて先温度**（作業温度）として約 320℃が必要であり，$Sn_{63}Pb_{37}$ に比べて作業温度が幾分高い．このように，無鉛ハンダの欠点は作業温度が高いことである．こうした欠点を解決した**低温ハンダ**（融点が 180℃程度）が市販されており，Sn-Ag-In-Bi 系や Sn-Zn-Bi 系のハンダがある．太陽電池のモジュールの作製ではインターコネクタをセルにハンダ付けする工程があるので適切なハンダが望まれる．モジュールを手作りでハンダ付けするときは，**ペースト状の低温ハンダ**が扱いやすい．

　(ii)　フラックス

ハンダ付けでは，融けたハンダの原子と被接合金属の原子が相互作用し合うまで接近しなければならない．もし，被接合金属の表面に酸化物などの汚染物質があると，相互の原子の接近が妨げられるため，ハンダ付けができない．このような酸化物を取り除くのが**フラックス**であり，その作用を以下に述べる．

- **酸化物の除去**
- **加熱中の酸化防止**
　　ハンダ付けの作業中に被接合金属の表面温度が昇温する．フラックスの膜は空気による表面の酸化を防止する．
- **ハンダの表面張力の低下**
　　ハンダの濡れ性をよくするフラックスの一種である**松やに**は松や杉などの樹脂の不揮発性成分からつくられる．松やには 74℃で融け始め，松やにの

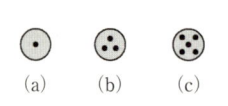

図 13.3 やに入りハンダ

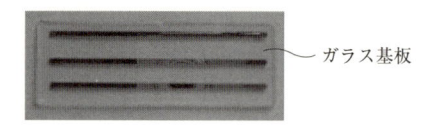

図 13.4 ガラス基板にインターコネクタをハンダ付けした写真（超音波ハンダ付けを使用）

成分であるアビエチン酸 $C_{20}H_{30}O_2$ が石鹸のように金属表面の酸化物（酸化銅）皮膜を溶解遊離させる．ただし，アビエチン酸は約300℃で，不活性なネオアビエチン酸に変化し，フラックスとしての効力を失うが，常温に戻せば，松やにとしての本来の性質を取り戻す．通常のハンダは**やに入りハンダ**として市販されており，図 13.3 に示すように芯が1芯，3芯，5芯のように固体の状態で入っている．芯数が多いほど扱いやすい．余談であるが，松やにはバイオリンの弦が滑らないように，弓の毛にも塗られる．やに入りハンダの断面（切り口）に「ハンダこて」を直接当てると，加熱により速やかに飛び散ることがあるので，糸ハンダの横から「こて」を当てるのが望ましい．ハンダ付けにはコツがあり，数秒程度の短時間で行うのが望ましく，時間をかけ過ぎると，きれいに仕上がらないことが多い．

（iii）超音波ハンダ

以上のハンダ付けと異なるものに**超音波ハンダ付け**がある．これは，ハンダ付けをやるとき，こて先に超音波を発生させて行う方法である．この方法の特徴は金属以外のガラスにもハンダ付けができることである．図 13.4 は超音波ハンダ付けで，インターコネクタをガラス基板にハンダ付けした図である．

（iv）溶接によるインターコネクタの結線

太陽電池にインターコネクタを結線するとき，溶接を使用する方法がある．もともと，この方法は人工衛星用太陽電池の結線に使用されてきたが，現在は地上用太陽電池の結線にも使用されつつある．溶接によるインターコネクタの結線は容易であるため，今後，ますます普及すると考えられる．参考まで，比較的安価な溶接機は150万円くらいである．

（v）白板（強化）ガラス

太陽電池モジュールの表面に**白板（強化）ガラス**（water-white low iron tempered glass）が使用される．このようなガラスを**フロントカバーガラス**あるいは**フロントカバー**という．water-white は「白くて透明な」の意味であり，temper は動詞で「鉄や鋼を鍛える」の意味である．白板ガラスは鉄分の少ない

原料が使用されているので，光の透過性が非常によい．ガラスの表面に凹凸の模様をつけたのが梨地模様板ガラスである．太陽電池用板ガラスの典型的な厚さは2～3.2 mmである．**図13.5**に白板ガラスの光の透過率の波長依存性を示す．図から明らかなように，300 nmの光の透過率は約50%であるが，350 nm以上の光の透過率は約92～93%である．透過率はガラスの厚さにも依存するが，2 mmのガラス板の場合，約94%である．

(vi) **テフロン**

太陽電池に限らず半導体デバイス作製工程では，テフロン製品がよく使用される．**テフロン**はテフロン鍋のように家庭用品としても使用されている．以下，テフロンの物性について述べる．テフロンは化学的に**テトラフルオロエチレン**（PTFE：polytetrafluoroethylene）という重合体である．テフロンは1938年，デュポン社のRoy Plunkettが考案し，1941年に特許を取得した．それ以後，デュポン社の商標名テフロン（Teflon）として普及している．テフロンは**図13.6**に示すように，炭素およびフッ素のみから構成された**フッ素樹脂**で，$-CF_2-CF_2-CF_2-$の鎖状構造をもち，化学記号はC_nF_{2n}である．

テフロンの密度は$2.2\ \mathrm{g/cm^3}$で，融点は327℃であり，約350℃以上から分解が始まる．このようにテフロンの融点は非常に高い．ただし化学的性質は260℃以上で劣化する．**テフロンシート**はこのような優れた耐熱性があるため，太陽電池モジュールによく使用される．テフロンは化学的にも非常に安定しており，強酸や強アルカリ溶剤にも耐える．シリコン基板表面の自然酸化膜SiO_2膜のエッチングにはフッ化水素酸HFが使用されるが，テフロンはこうした酸にも耐える．テフロンのもう1つの特徴は摩擦係数が非常に小さいことである．そのため料理

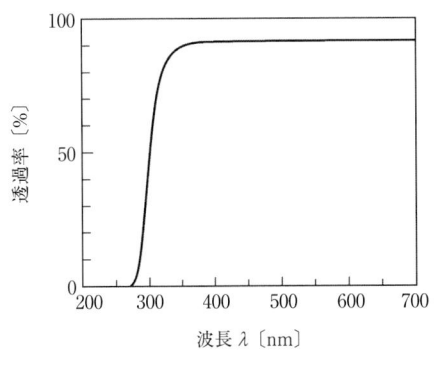

図13.5 白板ガラスの透過率　　　　**図13.6** テフロンの化学構造

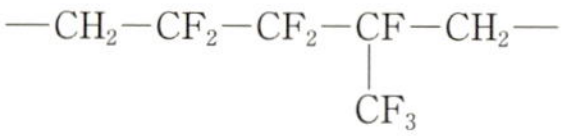

$$—CH_2—CF_2—CF_2—CF—CH_2—$$
$$|$$
$$CF_3$$

図 13.7 フッ素ゴムの構造

用の鍋などのコート材として使用されている.

(vii) フッ素ゴム（バイトン）

フッ素化された炭化水素ポリマーである**フッ素ゴム**はテフロンに似ている. 図 13.6 に示したようにテフロンは CF_2 単位から構成され, 規則的な構造をもつ硬い樹脂である. こうしたテフロンのポリマーに異種のモノマーを導入することにより, 人為的に不規則な分子構造にし, 軟らかくしたのがフッ素ゴムである. デュポン社が開発した**テフロンフッ素樹脂**（ポリテトラフルオロエチレン）の構造を**図 13.7** に示す. 同図に示したように, ポリマーの構造は主鎖である炭素−炭素結合に水素 H, フッ素 F, CF_3-, あるいは CF_3O- 基などが結合したもので, 水素を数%, フッ素を 60〜70% 含有する. 一般に C-F 結合は C-H 結合より強いため, フッ素ゴムは耐熱性や耐化学薬品性に優れている. テフロンフッ素樹脂は**バイトン**（Viton）という商標で市販されている. バイトンは常用で 205℃ まで耐え, 瞬間の温度上昇では 315℃ まで耐える. さらに柔軟性があるため, ゴム材, ダイヤフラム, O リングなど多くの製品に応用されている.

(viii) 共重合

2 種類以上の単量体を重合することを**共重合**（copolymerization）という. 2 種類の単量体の重合で合成されたポリマーを**二元共重合体**（copolymer）という.

(ix) EVA

太陽電池モジュールのフロントカバーと太陽電池セルの間に挿入する充填材として **EVA** が使用される. EVA（ethylene-vinyl acetate）はエチレンビニルコポリマーの略称で, エチレン（ethylene）と酢酸ビニル（VAM：vinyl acetate, 液体）の共重合として合成された樹脂で, 柔軟性および弾力性に優れている. エチレン $CH_2=CH$ は**オレフィン系炭化水素**の一種であり, 酢酸ビニルは化学記号が $C_4H_6O_2$ で透明な液体である. 1956 年にデュポン社が EVA に関する最初の特許を出願し, 1960 年頃から種々の製品が発売された. 酢酸ビニルの含有率により, 広範囲の用途（太陽電池モジュールの樹脂, 包装資材, 農業用シートなど）がある. EVA は約 150℃ で融けるため, 太陽電池モジュールの**セル封止剤**として広く利用されている. **架橋**（cross linking）は 150℃ の温度で, 20 分間程度加熱すると起こる. 以下に EVA の特徴を述べる. なお, 最近, EVA より透明性が高

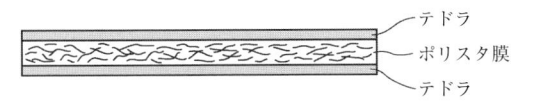

図 13.8 三層構造テドラ

いPVB（ポリビニルブチラール）がモジュールに使用されることがある．PVBは1968年頃に開発され，自動車のフロントガラスにも応用されている．モジュールをつくるとき，PVBは140℃で熱圧着される．EVAは以下の特徴をもつ．
- 優れた耐候性（耐高温，耐水，耐紫外線）
- ガラス，プラスチック，金属への粘着性が非常によい
- 光の透過性が高い
- 曲げやすく，無害性

(x) テドラ

テドラ（tedlar）はデュポン社が開発した樹脂の商標である．耐候性などに優れているため，太陽電池モジュールの裏面カバー（**バックシート**あるいは**バックカバー**ともいう）に利用される．テドラはポリビニルフロライト（PVF: polyvinyl fluoride，別名フッ化ビニル）が原料で，下記の特徴をもつ．
- 耐候性（湿度，温度など）に優れている．耐高温（約170℃）
- 紫外線に強い
- 機械的強度が強い
- 化学薬品に耐える

太陽電池モジュールに使用するバックシートは，白色で薄い金属シートのようにみえる．太陽電池モジュールによく使用されているバックシートは図 13.8 に示すように，**ポリスタ膜**（polyester film）をテドラ膜で挟んだ三層構造になっている．こうしたバックシートはTPT™として市販されている．

(xi) **シリコンゴム（シリコーンゴム）およびシリコンゴムヒータ**

① シリコンゴム

シリコンゴム（silicone rubber）とシリコン（silicon）は語句は似ているが，全く異質の物質である．シリコンゴムはSi元素を含んだゴム状の合成樹脂で，主鎖は-Si-O-Si-O-Si-O-で，各Si元素に，例えば2つのメチル基CH_3が結合し，化学記号は$[R_2SiO]_n$である．ここで，記号Rはメチル基を示す．シリコンゴムは耐熱・耐水・耐薬品性に優れているため，シーリング材などとして広く市販されている．シリコンゴムの耐熱安全温度は約180℃で，耐熱限界温度は約230℃

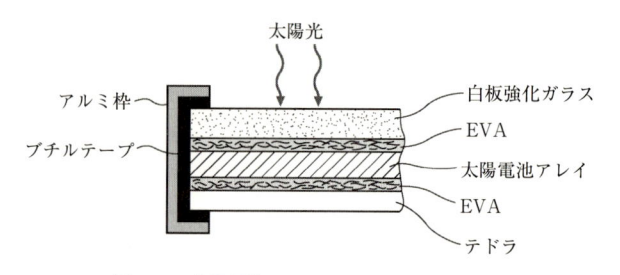

図 13.9　太陽電池フレームおよびブチルテープ

である．ただし，シリコンゴムは引っ張り強度，引き裂き強度，耐摩耗性に弱い．さらに熱膨張性が大きく気体の透過性も大きい．シリコンゴムの酸素などに対する透過性は，後述する**ブチルゴム**の約 400 倍といわれている．したがって面積の広いシリコンゴムシートを真空機器に使用する場合は注意が必要である．最近はこうした欠点を補う**フッ素化シリコンゴム**（フロロシリコンゴム）が市販されているが，通常のシリコンゴムに比べて非常に高価である．

② シリコンラバーヒータ

シリコンラバーヒータの断面構造は，例えばニッケル合金抵抗線をシリコンゴムシートで圧着した構造で，多種多様のヒータが市販されている．ゴムヒータは約 200℃ まで耐えるので多くの利用がある．シリコンゴムヒータを用いて，例えば 150℃ を達成するには，$1\,cm^2$ あたり 0.5 W の電力で十分である．シリコンゴムをスポンジ状にした**シリコンスポンジシート**なども市販されている．こうしたシートは反発弾性および断熱性に優れ，約 200〜230℃ までの使用が可能である．

(xii)　ブチルゴム

ブチルゴム（butyl rubber）は**イソブチレン**と少量の**イソプレン**を共重合して得られる特殊合成ゴムである．**ブチレン**（butylene）はブチルゴムの原料である．ブチルゴムは気体の不透過性がきわめて高いため，自転車のチューブなどに使用されている．ブチルゴムをテープ状にしたものを**ブチルテープ**といい，**図 13.9** に示すように，太陽電池モジュールのフレームの内側に使用される．

13.3　ラミネータの構造

太陽電池モジュールをつくる装置を**ラミネータ**（laminator）という．ラミネータは，図 13.9 に示したようなモジュールを熱圧着で作製するための真空容器の一種で，もともと人工衛星用モジュールを作製するために NASA が開発したも

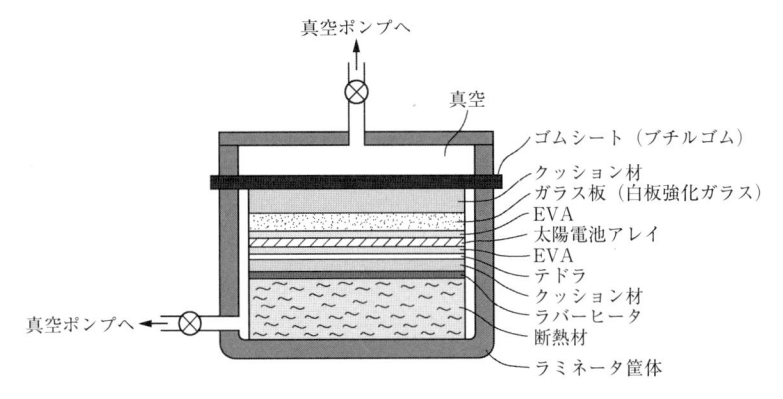

図 13.10 ラミネータの断面構造

のである．ラミネータの基本構造を図 13.10 に示す．
　ラミネータの底部にはヒータが設置されている．ヒータとしてゴムヒータがよく使用され，最高到達温度は約 170℃である．このヒータは約 150℃でEVA などの合成樹脂を融かすので，最終的に，フロントガラス/EVA/太陽電池/EVA/バックシートの積層構造に熱圧着することができる．なお，熱圧着でモジュールを作製する場合，ラミネータ内の真空度を約 133 Pa（＝1 トール）以下にする．真空度が悪いと熱圧着時に EVA に気泡が入る．

13.4　バイパスダイオード

(1)　太陽電池モジュール用バイパスダイオード

　モジュールを作製するとき，重要な電子部品にバイパスダイオードがある．バイパスダイオードはダイオードであり，一般にダイオードの一種である**ショットキーダイオード**が使用される．ショットキーダイオードは電流を通さないが，印加電圧がある大きさ（**降伏電圧**）以上になると，瞬時に電流を通す．ダイオードには多くの種類があるが，太陽電池用バイパスダイオードの大きさは直径 8 mm 程度である．図 13.11 に示すバイパスダイオードの典型例を示す．

(2)　バイパスダイオードの結線例

　太陽電池モジュールには多くの太陽電池が直並列に接続されている．図 13.12 を用いて，バイパスダイオードをわかりやすく説明する．

図 13.11 太陽電池用バイパスダイオード（新電元工業（株）製）

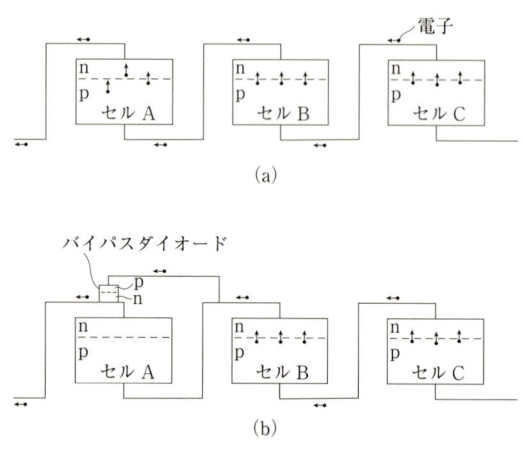

図 13.12 結線された太陽電池を流れる電流
(a) 正常状態 (b) セル A に影ができた場合.

　図 13.12(a) では np 接合を有する太陽電池が多数直列に接続されている．同図に，太陽光が照射されているとき，電子が流れる方向を矢印で示した．もし，太陽電池セル A に木の葉が落ちて影ができると，セル A の抵抗が大きくなるので電流が流れなくなる．すなわち，1 個のセルの影響で，他のセルからの出力電流も低下する．このような危険性をさけるために，図 13.12(b) に示すように，セル A にバイパスダイオード（ショットキーダイオード）を接続しておく．セル A に影ができたとき，バイパスダイオードに電流が流れる．なお，図 13.12(b) に示したバイパスダイオードの方向に注意されたい．図 13.12(b) に示したバイパスダイオードの結線方法を具体的に**図 13.13** に示す．

　以上では，バイパスダイオードを説明したが，一般家庭用の発電システムでは，図 13.13 に示したような結線をせず，**図 13.14** に示したような**端子箱**（端子ボッ

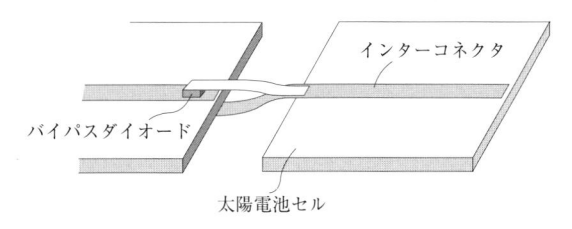

図 13.13 バイパスダイオードの結線方法

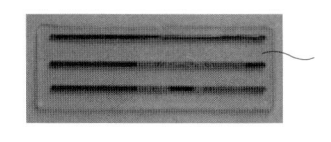

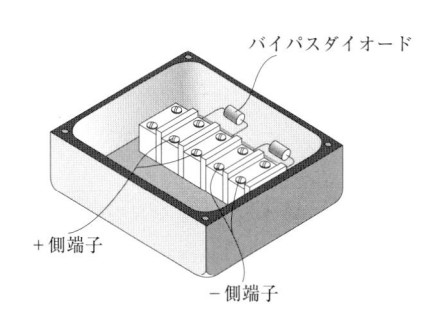

図 13.14 端子箱の一例（シャープ製）　　**図 13.15** 端子箱内部の一例（スケッチ）

クス）の中に，数個のバイパスダイオードを結線することが多い．図 13.14 は端子箱の典型例である．端子箱には多くの種類があり，形状や内部構造はメーカによって異なる．**図 13.15** は端子箱の内部の一例をスケッチしたものであるが，図 13.14 の内部とは無関係なので注意されたい．端子箱の典型的な大きさは 7 cm × 7 cm で，高さが 3 cm 程度である．電圧出力のプラスとマイナスを間違わないように，色の違う電線コードを使用する．通常，赤をプラスに白をマイナスに接続する．なお，ソーラーカー用太陽電池モジュールの結線には，図 13.13 に示したようなバイパスダイオードを各セルに結線することがある．

13.5　モジュール作製の手順

太陽電池モジュールの作製手順について述べる．図 13.10 に示したように，モジュール封止用樹脂として EVA が使用される．EVA の融点は約 150°C である．まず，シート状 EVA の上に透明ガラス板を載せる．ガラス板として**白板強化ガラス**が用いられる．白板強化ガラスは割れにくく，多少の衝撃に耐える．太陽電池の下にも EVA シートを敷き，その下にバックフィルム（テドラ）を敷く．以上のように重ねた一式を図 13.10 に示したラバーヒータの上に設置し，ラミネー

タ内部を徐々に真空にする．真空度が約 133 Pa（= 1 トール）以下になったとき，上記の一式を 150℃ まで加熱し，その温度で約 5 分間保持する．圧着するには，図 13.10 に示した上部の真空チェンバ（ゴムシートの上の空間）に空気を入れる．その結果ゴムシートが下方にある一式を圧縮する．その後，ヒータを OFF にし，熱圧着された一式が冷却したら，それを取り出す．最終的に，図 13.9 に示したようなアルミ製の**フレーム**を取り付け，モジュールが完成する．モジュールの裏面からプラスとマイナスのリード線を取り出すが，取り出し口に図 13.14 に示したようなプラスチック製の端子箱を接続する．

13.6 モジュールの出力特性

モジュールを作製するとき，多くの太陽電池セルを使用するが，平均より非常に低い変換効率の太陽電池セルは使用しない．その理由は，以下に述べるように，1 個の不良セルがモジュール全体に大幅な出力低下をもたらすからである．1960～70 年代に NASA により，**セルの不良率**とモジュール出力の関係が研究された．その結果を**図 13.16** に示す．以下，具体的に図 13.16 の利用法について述べる．各々のセルの変換効率が 15% で，出力を 1 W と仮定する．そのようなセルを 100 個連結したモジュールの出力は 100 W である．100 個のセルのうち 1 個のセルの変換効率が 15% から 10% だけ低下したとする．ここで，10% は低下率であり，変換効率の値ではないので注意されたい．15% の効率が 10% 低下すると，効率は 13.5%（= 15 - 1.5）になる．図 13.16 の横軸は太陽電池セルの不良率であるが，この例では，100 個のセルのうち 1 個が不良になったので不良率は 1% である．

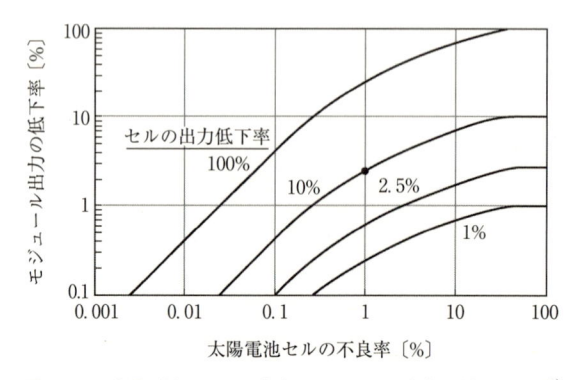

図 13.16　太陽電池セルの不良率とモジュール出力の低下の関係[1]

セル出力の低下率は10%である．それに該当する曲線から，モジュール出力の低下率は約2.5%である．すなわち，本来ならモジュールの出力は100Wであるが，100Wの2.5%（2.5W）が減少したため97.5Wに低下するのである．このように1個のセルの出力が0.1W低下したため，モジュール全体の出力が2.5W減少したことになる．このように，少数のセルの不良がモジュールに与える影響は大きい．モジュール出力の低下をできるだけ抑制するために，13.4節で述べたようにバイパスダイオードを並列に結線する．以上の例では不良セルとしたが，セルに影ができた場合も同様の現象が起こる．薄膜太陽電池の場合も同様で，部分的なモジュールの劣化がモジュール全体に大きな影響を及ぼす．

13.7　モジュールの量産製造工程

モジュールを工場生産する工程を**図13.17**に示し，量産製造の流れを定性的に**図13.18**に示す．量産製造工程では，図13.18に示したラミネータが多段になっているものがある．多段式ラミネータの仕様例を**表13.1**に示す．表中の"ゴムシート"は図13.10に示したようなゴムシート（ブチルゴム）をいうが，同表に示し

図13.17 モジュール製造の作業工程

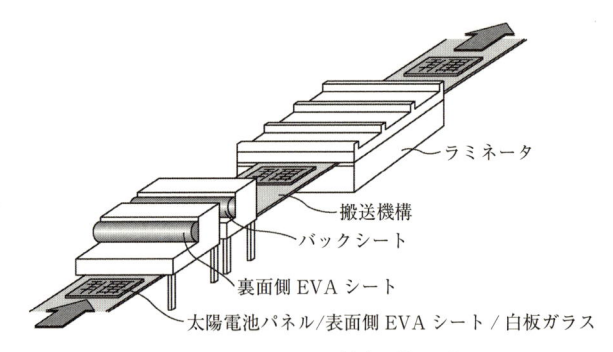

図 13.18 モジュール製造工程の一部

表 13.1 量産工程に使用されるラミネータの仕様例

ゴムシート	なし	真空系	油回転ポンプ
加熱方法	両面連続加熱		ポンプモータ 7.5 kW
サイズ	モジュール外形		排気速度 4000 l/min
	（1100 mm×1400 mm）		ポンプ到達能力 5.3 Pa
モジュールの総厚	10 mm		真空到達圧（1 min）40 Pa
（アルミ枠を除く）			最高真空到達圧 20 Pa
加熱系	最高温度 180℃		搬送方式 コンベア搬送
	温度分布（高低差）4℃		コンベアタイプ
	（無負荷時）		スチールベルト
	加熱温度 180℃/10 分		ベルト本数 4 本
	ヒータ（シートヒータ）	チェンバ	側面シャッター方式
	ヒータ数 40 枚		シャッター駆動源
	温度コントローラ数 40 台		エアシリンダ
	温度制御ポイント		真空シール Oリング
	40 ポイント		表面処理 無電解ニッケル
	多段式ラミネータ		メッキ

た装置では，ゴムシートを使用していない．圧着方式は企業ノウハウになっている．

13.8 典型的なモジュールの特性

市販されている結晶 Si 系太陽電池モジュールの仕様はメーカーによって微妙に異なる．表 13.2 に典型的な仕様を示す．表中の最大出力電圧などに関しては図 7.8 を参照されたい．

13.8 典型的なモジュールの特性

表 13.2 典型的な結晶 Si 系太陽電池モジュール

	単結晶モジュール	多結晶モジュール
最大出力 P_m 〔W〕	213	206
最大出力動作電圧 V_{pm}〔V〕	27	27.1
最大出力動作電流 I_{pm}〔A〕	7.9	7.6
開放電圧 V_{oc}〔V〕	33.5	33.8
短絡電流 I_{sc}〔A〕	8.6	8.3
直列での最大セル数〔個〕	54 直列	54 直列
セルの効率〔%〕	16.8	15.6
モジュール効率〔%〕	14.6	14.2
最大出力温度係数〔%/K〕	-0.44	-0.43
開放電圧温度係数〔%/K〕	-0.34	-0.32
短絡電流温度係数〔%/K〕	0.052	0.056

参考文献

1) Solar Cell Array Design Handbook, Vol. 1, JPL SP43-38, Oct. 1976.

14
太陽電池セルと太陽電池モジュールの評価技術

　太陽電池の開発や製造過程では，太陽電池に関する種々の物性評価やデバイス評価試験がなされる．評価には太陽電池セルに対する試験とモジュールに対する試験がある．本章では，これらの詳細を述べる．

14.1　太陽電池セルに対する評価試験の項目

　太陽電池セルに対する評価試験には以下のような項目がある．これらのうち，代表的な試験の詳細を次節に述べる．セルには反射防止膜（ARC）や電極があるが，それらの耐湿性テストや機械的強度テストの詳細は太陽電池の種類によって異なる．セルに対するテストの詳細はメーカによって異なり，開示されないことが多い．太陽電池の外観検査の1つに目視検査がある．セルの物理的欠陥にはセル割れや欠けなどがある．

① 外観検査
② 電気出力
③ 温度特性
　　セルを－150～＋150℃の範囲の温度に設定して，電気出力などを測定する．
④ 光照射強度特性
⑤ 分光感度特性
⑥ 照射角度特性
⑦ 耐湿性
⑧ 電極強度
⑨ 割れ強度
⑩ 熱ショックテスト
⑪ 電極強度テスト
　　特定のテープを電極に貼り，特定の角度（例えば45度）の方向に引っ張

り，電極の破壊状況を調べる．
⑫ 反射防止膜テスト
　　特定のテープを反射防止膜 ARC に貼り，特定の角度（例えば45度）の方向に引っ張り，ARC の剥離状況を調べる．
⑬ セル割れ強度試験

14.2　人工衛星用太陽電池の評価試験－放射線照射試験－

　宇宙では，高速の電子線や陽子（プロトン）が太陽などから飛翔してくる．それらの放射線は太陽電池に入射して結晶欠陥をつくる．そうした欠陥は禁止帯に再結合中心をつくる．その結果，太陽電池の出力が低下する．人工衛星の軌道に依存するが，放射線のエネルギー分布には幅がある．地上での放射線テストでは，1 MeV に加速した電子線やプロトンを使用する実験が多い．一般に，人工衛星用太陽電池の表面には，石英製のカバーガラスをかぶせる．このカバーガラスは第13章で述べた白板ガラスと異なり，石英製で典型的な厚さは 50 μm である．陽子はこのようなカバーガラスで，ほとんど吸収されるため，太陽電池本体に届かないが，陽子に比べて電子はサイズが小さいため，カバーガラスを透過し太陽電池の深くまで透過する．なかには，太陽電池を透過するものもある．人工衛星用太陽電池の寿命は軌道によるが，約10年である．宇宙用太陽電池に対する評価試験は前節で述べた各種評価試験以外に，電子線照射試験を重点的に行う．太陽電池に照射する電子線の積算量を**ドーズ量**といい，典型的に 10^{12}～10^{16} 個/cm^2 の範囲で行う．なお，太陽電池に対する放射線損傷に関しては，NASA が学問的に大成している．太陽電池に対する放射線損傷解析法は，放射線による細胞の損傷へ応用できる．日本では放射能が話題になっているが，放射線試験には大型加速器（数百万ボルト）と膨大な費用がかかるため，実証実験を行うことは容易でない．

14.3　外　観　検　査

　太陽電池の外観検査に，**図14.1**に示したような**チップ**や**ニック**の検査がある．このような用語を覚えておくと便利である．

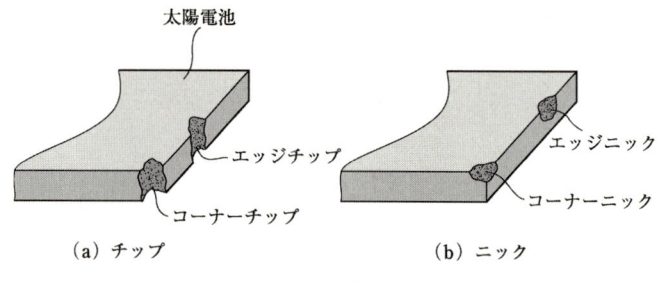

図 14.1　セル割れの種類

14.4　電気的，光学的特性の測定

特に太陽電池の試作および量産の段階で必要な各種装置などについて述べる．

(1)　電流電圧特性（I–V 特性）

太陽電池の特性で最も重要なのが電流電圧特性（I–V 特性）である．この特性に関しては，第 7 章で述べたので，本章では詳細を省略する．ソーラーシミュレータで太陽電池を照射しながら電気出力などを自動的に測定する装置が市販されている．照射強度は太陽電池の用途によって異なるが，通常 AM 1.5 で照射する．セルの温度は約 28℃ に設定される．宇宙用太陽電池の場合は AM 0 で照射する．

(2)　ソーラーシミュレータと分光器

ソーラーシミュレータと分光器に関しては第 4 章で述べたので，本章では詳細を省略する．

14.5　膜厚および表面粗さ計

太陽電池の作製工程では，ある種の半導体表面の一部に，異質の半導体を形成し，その膜厚を測定することがしばしばある．このような測定でも，エリプソメータが使用され，異質の半導体の厚さを測定することができる．測定の分解能は非常に高く，数 Å である．エリプソメータ以外の測定方法に段差計がある．段差計には接触式と非接触式がある．まず，図 14.2 に示すように，薄膜の一部を特定の化学薬品でエッチングすると段差ができる．このように，ある特定の素材だけ

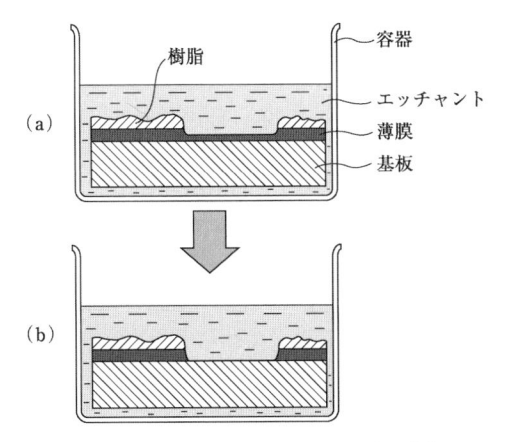

図 14.2 選択エッチングによってできた段差

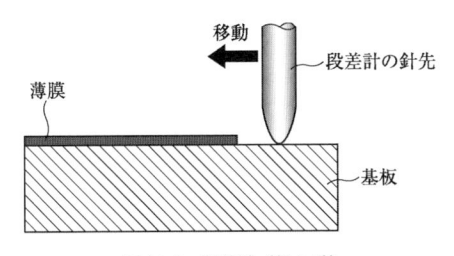

図 14.3 段差計（粗さ計）

をエッチングすることを**選択エッチング**という．

次に，**図 14.3** に示す**段差計**（粗さ計ともいう）は，針先が半導体の表面を掃引し段差を測定する．針先は機械的に表面の粗さを測定し，段差を電気信号に変換する．このような測定方法を**触針式段差計**という．粗さの分解能は 1.5Å 程度である．なお，針先と結晶表面の間の電気容量を測定し，電気信号に変換する粗さ計もある．この方法では，非接触で粗さを測定するが，測定原理は針先と被測定表面の間の静電容量の計測である．

14.6　太陽電池モジュールの評価試験

　太陽電池モジュールに対する評価試験には 2 種類ある．モジュールテストの手順は**規格**となっている．初期の標準的な評価法は NASA などの機関で開発された．例えば NASA の JPL (Jet Propulsion Laboratory)，SERI (Solar Energy

Research Institute），IEC（International Electrotechnical Commission；国際電気標準会議）などがあげられる．こうした海外の評価法を参考として，日本規格協会により**日本工業規格（JIS 規格）**ができた．JIS は Japanese Industrial Standard の略称である．

　太陽電池モジュールに対する評価試験の規格は日本規格協会から入手できるので，本節では規格の概要を述べる．太陽電池モジュールを評価するとき，「**標準状態**」や「**基準状態**」といった用語を使用することがある．このような状態は下記の条件をいう．

- 標準状態： モジュール温度 15～35℃，気圧 86～106 kPa，光の放射照度 1000 ± 50 W/m^2
- 基準状態： 大気 25℃，モジュール温度 25℃，分光分布 AM 1.5〔全天候日射基準太陽光（放射強度 1000 W/m^2）〕

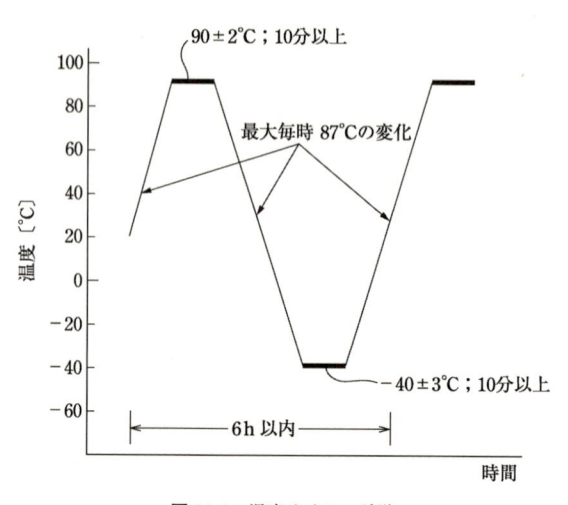

(1)　規定 1　温度サイクル試験

温度サイクル試験は図 14.4 に示すように -40℃と 90℃を繰り返し行う．これらの温度に，少なくとも 10 分以上保持し，連続して 200 サイクルを実施する．

(2)　規定 2　温湿度サイクル試験

温湿度サイクル試験の条件を図 14.5 に示す．まず高温 85℃，相対湿度 85% の

図 14.4　温度サイクル試験

14.6 太陽電池モジュールの評価試験

[図: 温湿度サイクル試験のグラフ]
- 85±2℃；相対湿度85±5%
- 相対湿度の規定なし
- 最大毎時100℃の変化
- −20±3℃（注1）または−40±3℃（注2）
- 縦軸: 温度 [℃]（−60〜100）
- 2.5h以上（注1）または10分以上（注2）
- 1.5h以内　1h以上　1.5h以内
- 6h以内
- 横軸: 時間

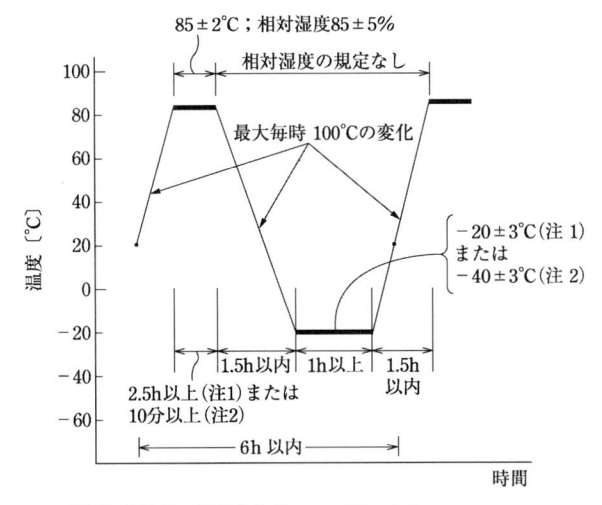

(注1) 低温側の温度条件が−20±3℃のとき高温側の時間を2.5h以上とする
(注2) 低温側の温度条件が−40±3℃のとき高温側の時間を10分以上とする

図14.5 温湿度サイクル試験

環境下で行う．次に低温（−20℃または−40℃），湿度（規定しない）のサイクルを連続して10サイクル行う．

(3) 規格3 端子強度試験

端子強度試験は端子の**引張力強さ**と**曲げ強さ**に関する試験である．

(i) リード線の引張力強さの試験

試験方法はリード線端子の断面積や線径によって異なるが，端子の断面線径が1.25 mm以上の場合，引張力40 Nを加え，10秒間保持する．試験に，より線を使用する場合，より線の断面積は素線の公称断面積の合計とする．

(ii) 曲げ強さ

曲げ強さは曲げやすい端子にのみ適用する．線端子の引き出し軸がモジュール面に垂直になるように保持し，端子の先端に規定の曲げ力を加える錘をつり下げる．この状態でモジュール本体を2秒以上の時間をかけて約90度傾けた後，もとの位置へ戻し2〜3秒間保持する．引き続き反対方向に曲げ力を加え同様の試験を行う．こうした操作を2回と数え，各端子につきモジュール面の辺に平行な方向で5回行う．同様の実験を，その辺と約90度異なる方向で5回行う．端

子の線径が 1.25 mm 以上の場合，曲げ力は 20 N である．

(4) 規定 4　塩水噴霧試験

試供品を塩水噴霧室に入れ，塩水を 2 時間噴霧する．吹き付ける塩水の濃度は 5 重量％で，水温は 15〜35℃ とする．次に試供品を恒温槽（40℃，相対湿度93％）に移し 7 日間保持する．以上の試験を 4 回繰り返す．

(5) 規定 5　光照射試験

光源としてアークランプを使用し，試料面での照度を 255 W/m^2 とする．温度63℃，湿度 50％ の環境で 500 時間照射する．光源としてキセノンランプあるいはメタルハライドランプを使用してもよい．

(6) 規格 6　耐風圧試験

この試験は供試体に垂直に等分布荷重を加える．この試験方法は，かなり複雑であるため，乾燥砂による静荷重試験で代替してもよい．この場合，モジュールのカバーガラスの面が上になるように水平に保つ．さらに，乾燥砂による圧力が均一（約 1422 N/m^2）になるように，乾燥砂を載せ，モジュールの破損の有無を調べる．

(7) 規定 7　降ひょう（雹）試験

簡易試験法として次のような方法がある．標準状態（温度 15〜35℃；気圧 86〜106 kPa）で滑らかな鋼球（質量 227 g，直径約 38 mm）を 1 m の高さから，モジュールカバーガラスのほぼ中心に自然落下させる．自然とは力を加えずに落下させることをいう．落下衝撃は 1 回とする．

(8) 規格 8　防水試験

この試験の判断条件は，目視によってモジュールの内部に浸水がなく，絶縁抵抗が初期値から低下していないことである．ここで絶縁抵抗とは端子とモジュール枠間の抵抗で，100 MΩ 以上でなければならない．なおモジュール内部への水分の浸入は温湿度サイクル試験のほうが厳しい．温湿度サイクル試験を行う場合は，防水試験を省略できる．

図 14.6　ねじれ試験

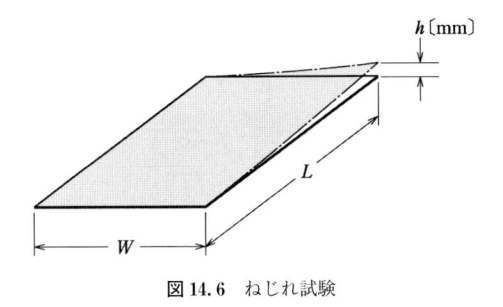

(9) 規定 9　ねじり試験
この試験はモジュールの機械的耐久性に関するものである．図 14.6 に示したように，1つの隅を変位量 h だけこじ上げる．これを四隅全部について行う．h はモジュール枠のサイズ W, L と次の関係がある．ここで h は変形角 1.2°に対する変位量である．

$$h = 0.02\sqrt{L^2 + W^2} \tag{14.4}$$

(10) 規定 10　耐熱性（高温保持）試験
温度 85℃ で 1000 時間保持する．

(11) 規格 11　耐湿性試験
温度 85℃，相対湿度 85% の条件下で，1000 時間保持する．

参考文献
1) K. Sugawara, T. Hisamatsu, M. Shimizu, T. Tomita, T. Mizuki, H. Ueyama, M. Miyago, T. Suzuki, K. Murata, A. Suzuki : Radiation Degradation Studies on GaAlAs-GaAs Solar Cells. Proc. of 1st ISAS Space Energy Symposium (Jan. 29, 1982) pp. 138-143.
2) K. Sugawara, M. Shimizu, T. Mizuki, M. Miyago, T. Hisamatsu, N. Otani, T. Yamaguchi, A. Suzuki : Microscopic Studies of Radiation Degradation of GaAlAs/GaAs Solar Cells. Proc. of 2nd ISAS Space Energy Symposium (Dec. 13-14, 1982) pp. 139-146.
3) M. Katayama, H. Morimoto, K. Sugawara : Electron Irradiation Effects on Amorphous Silicon Solar Cells. physica status solidi (a) 78 (1983) K5.
4) M. Roux, R. Reulet, J. Bernard, A. Suzuki, K. Sugawara ; Electron and Ominidirectional Proton Irradiation of AlGaAs-GaAs Solar Cells. 17th Photovoltaic Specialists Conf. (May 1984, Florida) pp. 167-172.
5) 日本工業規格：結晶系太陽電池モジュールの環境試験方法及び耐久性試験方法，JIS C 8917.

15
太陽光発電システムと
スマートグリッド

　太陽光発電システムは，比較的規模が小さい家庭用発電システムと規模が大きい発電所などのシステムに分けられる．本章では，これらのシステムについて述べる．

15.1　家庭用の系統連結システムと独立型システム

　家庭用太陽光発電システムは図 15.1 および図 15.2 に示すように，**系統連結システム**と**独立型システム**に分けられる．系統連結システムは，太陽光発電システムが商用電源系統と連結している．一方，独立型システムは商用電源と連結して

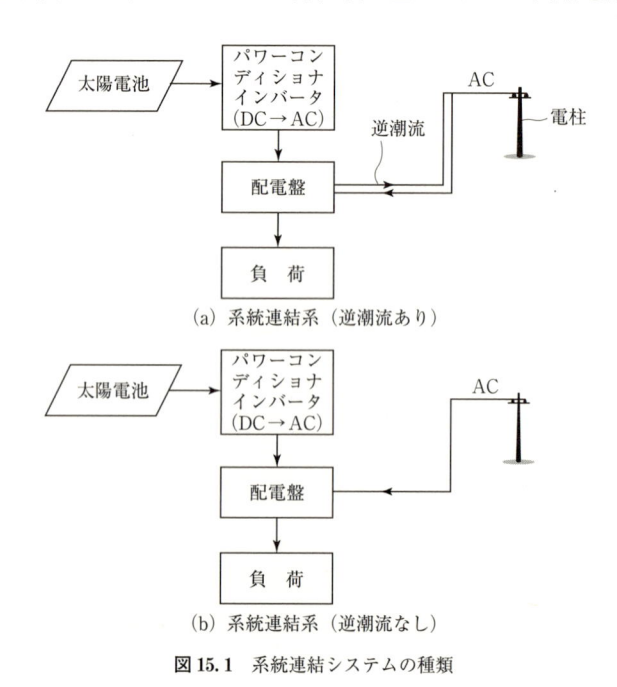

```
太陽電池 → パワーコンディショナインバータ（DC→AC） → 配電盤 → 負荷
配電盤 ⇄ 逆潮流 ⇄ AC 電柱
```
(a) 系統連結系（逆潮流あり）

```
太陽電池 → パワーコンディショナインバータ（DC→AC） → 配電盤 → 負荷
配電盤 ← AC 電柱
```
(b) 系統連結系（逆潮流なし）

図 15.1　系統連結システムの種類

15.1 家庭用の系統連結システムと独立型システム　　　　　　　　　　　　　　　　　　*167*

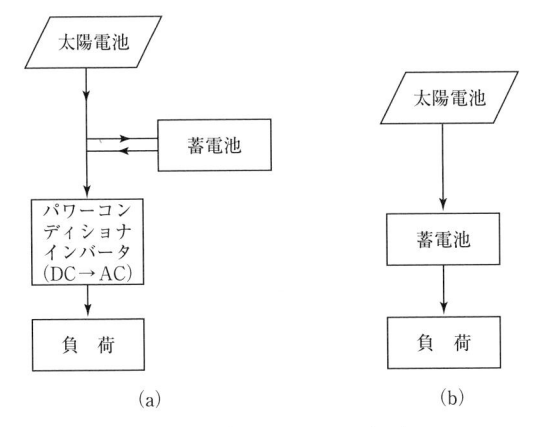

```
        太陽電池                                    太陽電池
           ↓                                          ↓
           → 蓄電池                                     
           ←                                          ↓
           ↓                                        蓄電池
     パワーコン                                        ↓
     ディショナ                                        ↓
     インバータ                                       負 荷
     (DC→AC)
           ↓
         負 荷

           (a)                                       (b)
```

図 15.2　独立型システムの概要

```
    太陽光発電システムからの電力       使用する電力
                       売電
                     (余剰電力)                買う電力
      買う電力     発電システムで賄う電力
        朝            昼              夜
```

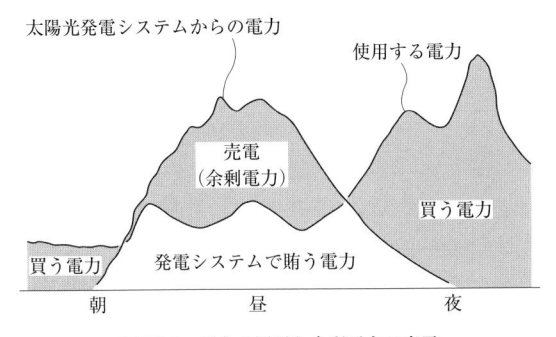

図 15.3　電力の買電と余剰電力の売電

いない．日本の家屋で使用される発電システムは，ほとんど系統連結システムであるが，世界の約70%の地域には送電線がないようである．このような地域では，独立型システムとなる．

　太陽光発電システムの出力は天候に依存する．晴天時では問題がないが，曇りのときは減少し，雨天のときは，ほとんど発電しない．晴天時の太陽光発電システム出力を定性的に**図 15.3**に示す．同図からわかるように，日中は，電力が余剰となることがある．余剰電力を電力会社に売電（送電）する方式が図 15.1(a) に示した「**逆潮流**」である．図 15.1(b) は売電できないやり方である．日本の一般家庭の太陽光発電システムは逆潮流がある系統連結系がほとんどである．いずれの系統でも種々の電子装置が付随するが，これらに関しては次節で述べる．

15.2 家庭用太陽光発電システムに付随する電気部品

(1) 電気系統の概要

　家庭用太陽光発電システムの電気の流れを模式的に**図 15.4** に示し，システムに付随する電子装置を**図 15.5** に示す．太陽電池発電システムからの出力は直流であり，これを交流に変換する装置がこれらの図に示した**パワーコンディショナ**である．

　太陽電池モジュールの一部が電柱の影になったり，落ち葉が落ちることもある．図 13.12 に示したように，影になったセルの抵抗が増加するため，各モジュールにはバイパスダイオードが連結されている．この状況は，高速道路の一部で工事が行われていると，車の流れが悪くなるのと似ている．車の流れをよくするために，バイパスを設けることがある．

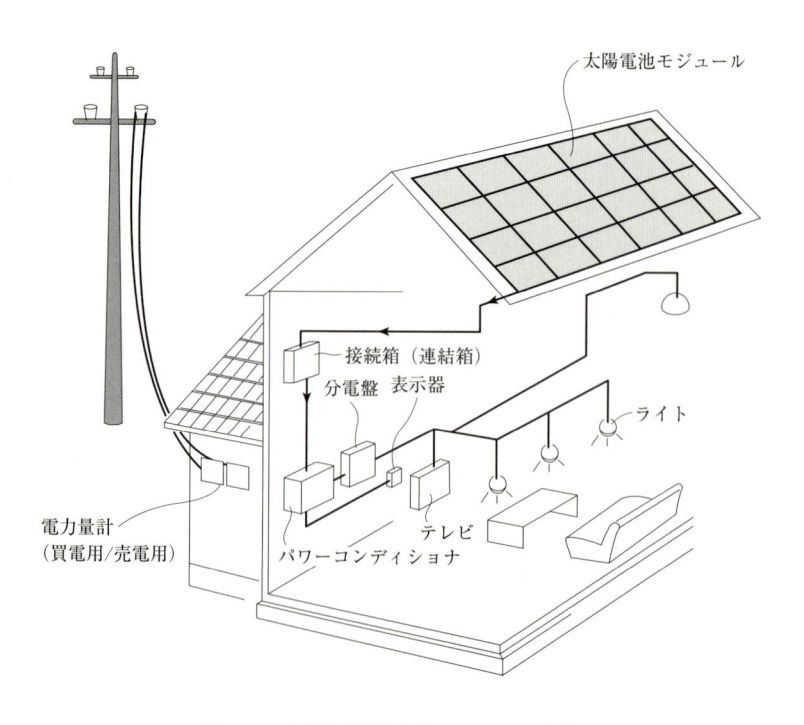

図 15.4　家庭用太陽光発電システムの電力系統

15.2 家庭用太陽光発電システムに付随する電気部品　　　　　169

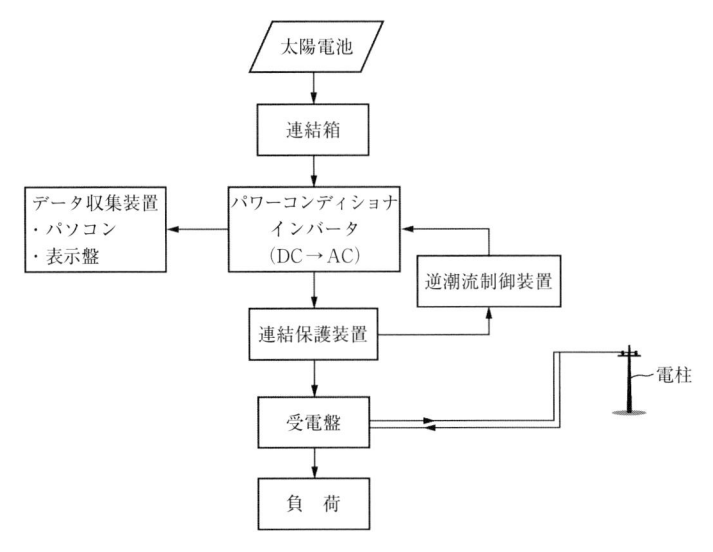

```
         ┌─────────┐
         ╱ 太陽電池 ╱
        ─────────
              │
              ▼
          ┌──────┐
          │連結箱│
          └──────┘
              │
┌──────────┐  ▼
│データ収集装置│ ┌─────────────┐
│・パソコン  │◄│パワーコンディショナ│
│・表示盤   │ │ インバータ   │
└──────────┘ │ (DC→AC)    │
             └─────────────┘
                 │     ▲
                 │     │
                 │  ┌──────────┐
                 │  │逆潮流制御装置│
                 │  └──────────┘
                 ▼
             ┌──────────┐
             │連結保護装置│
             └──────────┘
                 │
                 ▼                    ┬
             ┌──────┐                 │
             │受電盤│◄────────────── 電柱
             └──────┘                 ┴
                 │
                 ▼
             ┌──────┐
             │負 荷 │
             └──────┘
```

図 15.5　系統連結システムに付随する主要機器

(2)　屋根へのモジュール取り付け

太陽光発電システムを屋根に取り付ける方法などについて述べる.

(i)　必要な太陽電池モジュールの面積

一般家庭の電力消費は 3～4 kW 程度である. この電力を太陽電池で賄うために必要なモジュールの概算面積を求める. 多結晶シリコン太陽電池モジュールの典型的な出力は 200 W で, 大きさは $1\,\mathrm{m} \times 1.65\,\mathrm{m} (=1.65\,\mathrm{m}^2)$ である. 4 kW の出力を得るには, このようなモジュールを 20 枚必要とする. したがって, 全モジュールが占める面積は約 33 m^2 となる. 太陽電池モジュールの積算発電量は, 真南面に取り付け, 地面に対して約 30 度の傾斜角にすると最大になる. 屋根の面積や形状などにより, 東面や西面の屋根に取り付けることもある. この場合, 地面に対する傾斜角を約 45 度にしても, 積算発電量は約 15% しか低下しない. 低下率が比較的少ないのは, 太陽光の散乱光がモジュールに入射するためである. このように, モジュールの設置では, 方位角より傾斜角が重要である. ただし, 北向きの屋根には一般に設置しない. なお, モジュール面の粉塵は雨によって流されるため, 定期的清掃はほとんど必要としない.

(ii)　架台の取り付け方

発電システムを屋根に取り付ける場合, まず, 雨漏れに注意しなければならない. スレート瓦の場合は, 10～15 年に一度の頻度で, 塗料を塗り変える必要が

ある．発電システムを取り付ける場合，このような維持管理があることを念頭におくことが望ましい．モジュールを屋根に取り付ける場合，防水方法は工事業者により異なるが，例えば，**図15.6** に示したように，防水ゴムやブチルゴムシートを使用する．ブチルゴムは200℃程度まで耐熱性がある優れたゴムである．ブチルゴムに関しては第13章で述べた．金属部はアルミ製が多い．**図15.7** は架台を瓦屋根に取り付ける様子である．架台はボルトを用いて瓦に固定されるが，図15.7に示したように，金属製の瓦を使用することがある．

なお，特定メーカ製の太陽電池発電システムを取り付ける場合，メーカが取り付け工事業者に技術指導することがある．また，取り付け工事を実施する場合，

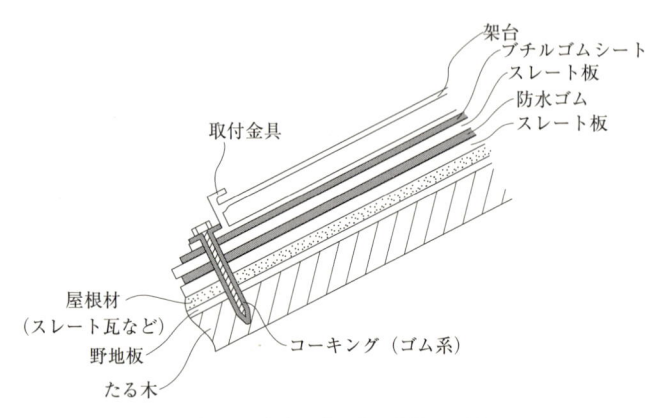

図15.6 架台の取り付け方法の一例

図15.7 架台の瓦への取り付け方

電力の大きさによって異なるが，電気工事に関する国家資格（第二種電気工事士など）が必要である．電気工事に興味をもたれる読者におかれては，あらかじめ，第二種電気工事士や電気主任技術者に関する資格と取り扱い範囲を確認しておくことが望ましい．

発電システム全体の価格は出力によって異なるが，現時点では，200万円（2.4 kW），265万円（3.2 kW），320万円（4 kW）程度である．ただし，価格は業者や年代によって変わるため，これらの価格は目安である．

(3) 接続箱

発電システムからの電流は図15.4に示したように**接続箱**（あるいは連結箱）に合流する．接続箱は屋内用と屋外用がある．接続箱には落雷による過電圧被害を防止するための電気回路も入っている．なお，電気の単位はクーロンであるが，1回の落雷によって流れる電荷は数クーロンである．1クーロンは相当大きい電気量であることを覚えておくと便利である．接続箱の典型的な仕様は，入力電力300〜450 V，電流4〜6 A，重量2.5〜3 kg，寸法340 mm×115 mm×300 mmである．接続箱の価格は機能によって異なるが，典型的に約30万円のものがある．

(4)★ パワーコンディショナ

ほとんどの家庭用電気製品は交流の電力を使用するが，太陽電池からの出力は直流である．このため，太陽光発電システムでは，直流を交流（商用周波数；50 Hzまたは60 Hz）に変換する．直流を交流に変換する装置が**パワーコンディショナ**である．パワーコンディショナの中に**インバータ**（または**逆変換装置**）があるが，これは直流を交流に変換する装置である．変換できる電力の効率を**電力変換効率**という．現状での最高効率は約97.5%である．なお，パワーコンディショナは，失った電力によって幾分発熱するが，変換効率97.5%の場合は密閉式でも格別問題がない．

インバータには種々のものがあるが，基本となる電子部品はトランジスタやサイリスタである．インバータはパワーエレクトロニクスの部品であり，多くの専門書があるので，以下，概要を述べる．**図15.8**(a)に示すように，直流電源 V_0 に4つのスイッチ S_i ($i=1$〜4) を接続する．S_1 と S_4 を ON にすると，図に示した抵抗（負荷）に右方向の電流が流れる．次に，S_1 と S_4 を OFF にし，S_2 と S_3 を ON にすると，左方向に電流が流れる．このように，ON と OFF を電気的に瞬時に繰り返すと，抵抗の両端の出力は，図15.8(b)に示すように矩形波となる．

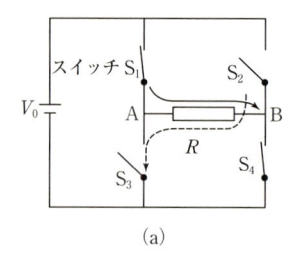

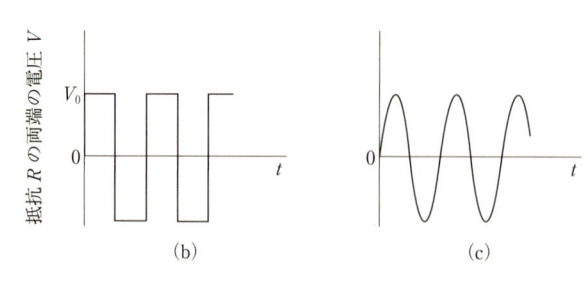

図 15.8 (a) インバータの機能 (b) (c) インバータからの出力

　現在は，高機能のインバータが開発されており，用途に応じて，**正弦波**，**矩形波**，**PWM 形**（pulse width modulation），**多重形**（正弦波に近い）などの形状の出力に変換することができる．インバータからの出力には**単相電圧形**や**三相電圧形**などもあるが，**IGBT**（insulated gate bipolar transistor）というトランジスタが重要な役目を果たす．このデバイスは高耐圧・大電流に対応でき，高速駆動，低損失，高効率の特性をもつため，パワーエレクトロニクスの中心的なデバイスである．

　以上のように，太陽光発電システムのパワーコンディショナには高機能の半導体部品が入っており，出力は図 15.8(c) に示すような正弦波の電流と電圧である．なお，停電時にはパワーコンディショナが自動的に発電システムの運転を停止するが，手動で「自立運転」に切り変えることもできる．パワーコンディショナに出力 100 V のソケットがあり，そこに直接コンセントを差し込むと 100 V の出力が利用できる．パワーコンディショナの典型的な仕様は，電力変換効率 95%，定格容量 2.5〜5.5 kW，定格入力 250 V，定格出力 AC 202 V，大きさ 580 mm×162 mm×280 mm である．図 15.4 に示したように，パワーコンディショナからの出力（200 V 程度）が分電盤に入り，100 V として電気製品に送電される．パワーコンディショナの価格は電力によって異なるが，典型的に，5〜6 kW 用で 40 万円，4 kW 用で 30 万円，2.7 kW 用では 23 万円である．価格は年代によって変わる．

これらは単なる目安である．

(5) 計測ユニット
計測ユニットは発電した電力や発電中の電力を表示する装置である．このユニットから離れた場所に設置した表示器へ電波で送信することもできる．

(6) 分 電 盤
家庭用電気製品へ電気を送る部品であり，一般家庭でよくみかける．分電盤には送電線やパワーコンディショナから AC 200 V もきているが，通常，100 V が使用される．回路の結線を変えると，200 V を利用することもできる．この変更を行うには，電気工事士の免許を必要とする．

(7) 売電・買電用メータ
発電した電気が過剰のとき，過剰電力を電力会社へ売電することができる．売電・買電用メータは売電量などを表示する装置である．

15.3 大型太陽光発電システム

(1) 電気出力の平滑化
家庭用電力は 3～4 kW 程度であるが，太陽電池発電所などの電力は大きく，数十 MW から数百 MW 級のものがある．太陽光発電システムからの出力は**図15.9**(a) に示すように，時間的に変化する．このような電力を電力系統へ送電する前に，出力を二次電池に蓄え，**平滑化**（あるいは**安定化**）する．充電する装置を二次電池という．ニッケル水素二次電池やナトリウム硫黄二次電池などは代表的な二次電池である．これらの電池に平滑化回路（安定化回路）が組み込まれている．平滑化の原理を図 15.9(b) に示す．同図に示したように，平滑化回路は，太陽光発電システムからの出力が減少したとき，プラスの電圧を発生する．二次電池からの合成出力は，太陽電池発電システムからの出力と平滑化回路からの出力との和となり，図 15.9(c) に示すように平滑化される．太陽光発電システムからの出力は**図 5.10** に示すように，平滑化された後，電力系統へ送電される．

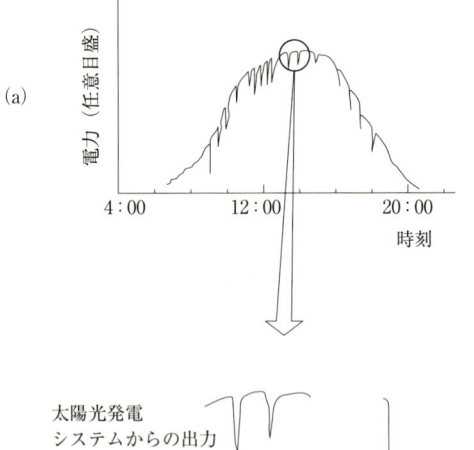

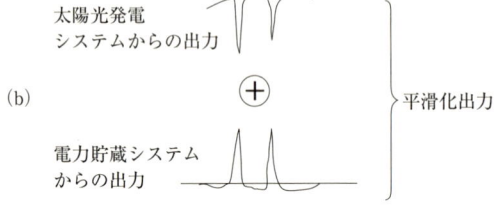

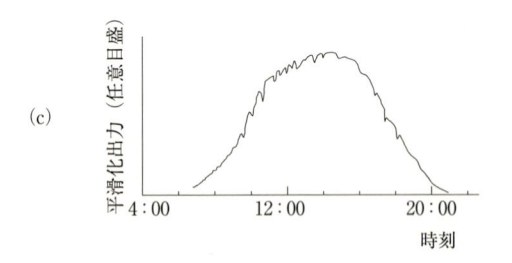

図 15.9 (a) 太陽光発電システムからの出力 (b) 電力の平滑化 (c) 平滑になった電力出力

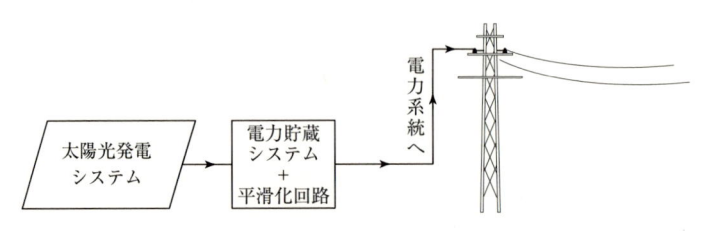

図 15.10 二次電池＋平滑化回路からの出力

15.4 太陽電池発電所用の大型二次電池—ナトリウム・硫黄二次電池—

　二次電池（蓄電池）にはいくつかの種類がある．代表的なものに**リチウムイオン二次電池**，**ニッケル水素二次電池**，**NaS（ナトリウム・硫黄）二次電池**などがある．リチウムイオン二次電池とニッケル水素二次電池の詳細は，参考文献3を参照されたい．本節ではNaS二次電池を中心に述べる．NaS二次電池は用途に応じて小型と大型がある．小型二次電池は分散型発電システムなどに利用され，大型二次電池は発電所などに利用される．分散型発電システムとは，比較的小さい太陽光発電システムが独立している場合をいう．NaS二次電池の断面構造を定性的に**図15.11**に示す．同図に示したように，負極に溶融したナトリウム（融点:98℃）が用いられ，正極には溶融した硫黄（融点:119℃）が用いられている．Na^+とS^{2-}の流れを利用しているのが特徴的である．二次電池が送電しているとき（放電時）と蓄電しているとき（充電時）の電子の流れが逆になる．NaS二次電池と付随する複数の部品を組み合わせたシステムをNaS二次電池モジュールともいう．

　太陽電池発電所の変電所に使用される典型的なNaS二次電池の仕様を**表15.1**に示す．なお，同表には参考まで，電気自動車用の仕様も記載したので，比較されたい．発電所の変電所には，典型的に50 kW級の二次電池が複数台使用される．仮に，発電所の出力が2000 kW（=2 MW）の場合，このような二次電池を約40台必要とする．NaS二次電池を使用した電力貯蔵システムの仕様例を**表15.2**に

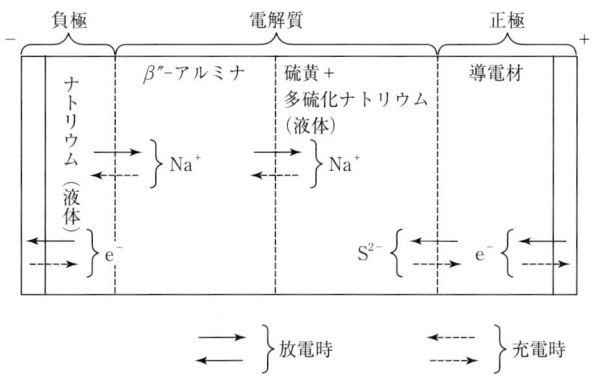

図15.11　NaS二次電池の作動原理

表 15.1 NaS 二次電池モジュールの典型的な仕様

仕様	用途		
	分散型	変電所用	電気自動車用
電池容量〔kWh〕	100	420	20
出力〔kW〕	25	53	30
電池の電圧〔V〕	100	120	120
サイズ〔mm〕			
幅	710	2200	730
奥行き	1371	1762	540
高さ	1117	640	315
エネルギー密度〔Wh/kg〕	59	117	110
密度〔Wh/l〕	92	169	150
メーカ	ユアサ	日本ガイシ	

表 15.2 電力貯蔵システムの仕様例

定格出力	2000 kW
定格入力	2000 kW
定格容量	12000 kWh
構造	50 kW モジュール×40 台
期待寿命	約 15 年（4500 サイクル）
メンテナンス	軽微（3 年ごとに精密点検を行う）

示す．なお，NaS 二次電池の耐用年数は 10 年以上である．

15.5　電力の「固定価格買取り制度」とスマートグリッド

(1)　発電事業と送電事業の分離

　将来は，発電事業と送電事業が分離される可能性がある．「分離」とは，発電会社と送電会社の経営が独立している形態をいう．発電事業には太陽電池発電所や風力発電所などの新エネルギー発電所がある．一般に，新エネルギーの種類によって売電価格が異なる．売電価格だけの視点から発電所を評価すると，ある特定の新エネルギー発電所が不利になる可能性がある．つまり，価格競争で不利になった技術は衰退する可能性がある．これは，国益の点から考えると望ましくない．このような危険性を避けるのが**「固定価格買取り制度」**（FIT：feed-in tariff）である．この制度では，送電事業者が発電の種類を問わず，特定の価格で電力を買い取らなければならない．当然のことであるが，この制度では電気料金が幾分高くなる．しかし，いろいろの新エネルギー発電を存続させることができる．FIT 制度によって，当初"弱かった"新エネルギー発電の市場が大きくな

れば,やがて電気料金が安くなるだろうという思想がFITの背景にある.つまり,FIT制度は「いろいろの新エネルギー技術を生かして繁栄させるために,国民全員で負担する」仕組みなのである.現在,ドイツなどがこの制度を取り入れているが,いずれ,日本もこの制度を施行する可能性がある.

(2) スマートグリッド

広範囲の電力を効率よく管理する方法として,最近,**スマートグリッド**(smart grid)が注目されている.スマートは「賢い」という意味であり,「グリッド」は「広範囲に電力を供給する系統」という意味である.将来は電力系統が大きく変わると予想される.**図15.12**はスマートグリッドの概略図である.同図を用いてスマートグリッドを説明する.電力需要サイドには,「一般家庭」「企業のビル」「工場」「公共施設」「電気自動車(EV : electric vehicle)」などがある.なお,これらの需要サイドでも規模は小さくても,発電を行う可能性があるので注意されたい.発電サイドには「大型発電所」や「コミュニティー発電所」などがある.「大型発電所」は「太陽電池メガソーラー」などであり,「コミュニティー発電所」は自治体あるいは各種団体の太陽光発電所などである.電力の需要サイドには「電気自動車」などもあるが,このサイドでは,「大型発電所」と独立して発電と充電を行うインフラが整備される可能性がある.現在のガソリンスタンドに代わって太陽光発電スタンドがインフラ基盤になる可能性がある.このような社会基盤を見込んで,

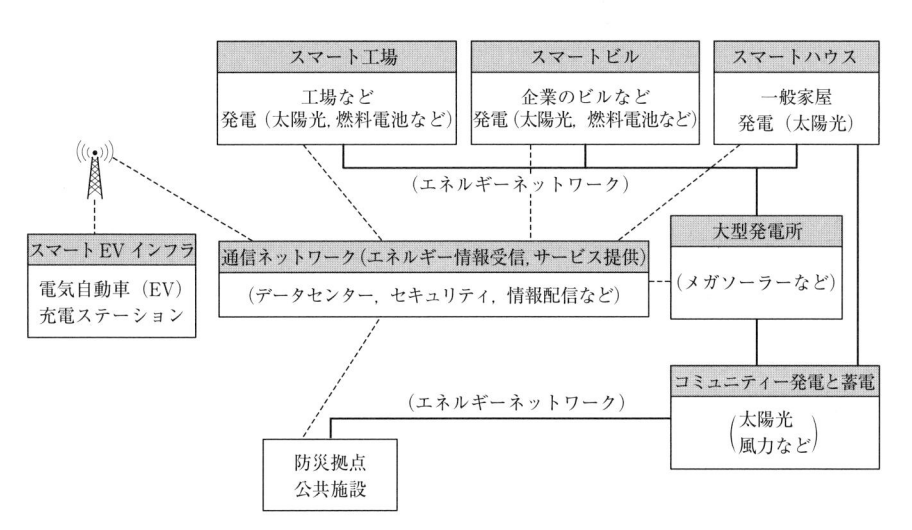

図 15.12 スマートグリッドの概略図

太陽電池の製造に参入した自動車メーカもある．電気自動車への充電時間は，現在，数時間であるが，スーパーキャパシタを蓄電池とすれば数分で充電できる．

　以上に述べたような社会になると，電力系統が複雑になる．ある時間帯において，あるサイドでは余剰の電力を生じ，あるサイドでは不足することもある．スマートグリッドは"余剰サイド"から"不足サイド"へ送電する仕組みである．電力の発電と需要に関する情報は「通信ネットワーク」を通してエネルギー管理部門（データセンター）へ送信される．これらの情報の伝達は光ファイバーや無線で行われる．このように，スマートグリッドは，広範囲に及ぶ発電と需要を「賢く」しかも「安全」に管理する仕組みである．

(3) 新用語の説明

　最近，スマートグリッドに関する新しい用語が生まれつつある．覚えておくと便利と思われる用語を以下に列記する．なお，以下に記載する「EMS」は ISO 14000 で使用される環境マネジメントシステム（EMS：environmental management system）と異なるので注意されたい．

- エネルギー管理システム（EMS：energy management system）
- 地域エネルギー管理システム（CEMS：community energy management system）
- 家庭用エネルギー管理システム（HEMS：home energy management system）
- ビルエネルギー管理システム（BEMS：building and energy management system）
- 工場エネルギー管理システム（FEMS：factory energy management system）
- 電気自動車（EV：electric vehicle）

参考文献

1) 東京電力パンフレット：電力貯蔵用　NAS 電池システム．
2) 小久見善八，池田宏之助：『はじめての二次電池技術』，工業調査会，2001．
3) 菅原和士：『新エネルギー技術』，日本理工出版会，2009．

16
太陽電池による「日本再生政策」私案

　太陽電池は環境に優しいエネルギー源であるため,「エコ」製品として注目されている.「エコ」はecologyの略語である.しかし,現状の雇用状態を考えると,「仕事の創出」がより重要であり,急務と考える.本章には,結晶シリコン系太陽電池による仕事創出に関する私案を述べる.

16.1　政治界と大学界に望む

　1980年代,日本の太陽電池技術,LED技術,さらにLSIなどの半導体技術は世界最高水準であった.しかし,2000年頃から,中国,台湾,韓国の台頭によって,日本はこれらの諸国に遅れつつあるのが現状である.その理由としていくつか考えられるが,1つは日本の政治が技術と乖離していることである.つまり,日本は世界最高水準の技術を政策に応用できなかったのである.
　次に,日本の大学を振り返る.大学の使命は教育と研究であるが,理工系大学では,総じて研究に重点が置かれているように思う.大学には「先端」という言葉がはびこっているが,NASAやメーカで先端技術の研究開発にかかわった経緯がある筆者からみると,先端産業は,意外にも仕事量が少ないのである.先端技術は大切であるが,学界や産業界がこぞって先端のみを標榜すれば,仕事量は少なくなる.多くの仕事を創出するためには,例えば「仕事創出工学科」のような学科の創設が望まれる.エネルギーに関する「新エネルギー工学科」や「太陽電池工学科」なども有益である.
　筆者が提案する「仕事創出工学科」では非常に広範囲の調査研究が必要である.例えば,特定の地域・県などに仕事を創出することを考える.その場合,教育内容は工学分野だけでなく,その地域の郷土史,文化史,産業などを幅広く知らなければならない.森林地帯であれば,例えば,重要な建材であるスギとヒノキの違いや特性などを知らなければならない.このような広範囲の調査研究により,その地域に合った仕事を創出することができるのであり,「やみくもに利益を追

求する地域興し」とは異なる．

　下記に述べるように，「太陽電池工学科」は仕事の創出だけでなく国益にも貢献する．例えば，ある大学の「太陽電池工学科」では，教育に重点を置くと仮定する．「教育」には，「仕事の創出法」や「仕事を遂行するための実務訓練」などが含まれる．世界に通用するカリキュラムを構築すれば，その大学は国際的にも評価される．外国に通用する大学は，多くの留学生を集めることもできるだろう．このような大学では，講義と実験は日本語と英語によってなされ，場合によっては中国語も必要となる．

　「太陽電池工学科」に，本書に述べた結晶Si系太陽電池セルからモジュール作製に至る一連の設備を有する実験室を設ければ，太陽電池技術を体系的に学ぶことができる．21世紀には日本全土が太陽電池一色になる可能性がある．このような社会では，文系の大学でも，太陽電池などの新エネルギー技術の概要や専門用語を学ぶことが望ましい．日本の大学での講義と実験が世界の大学の「単位」に算入されれば，その大学は外国政府や官庁などとのネットワークもできるだろう．特に，開発途上国への支援に関しては，従来のODAのようなやり方ではなく「開発途上国の人たちによる，開発途上国の人たちのための支援」をモットーとした技術教育が望まれる．技術教育によって，日本が「世界の中心」になれば，国益に大きく貢献できる．

16.2　「固定価格買取り制度」の導入

　戦後，「価格競争」「効率」「利便性」がはびこった．太陽電池が普及しなかった理由の1つは，太陽電池の電力が他の電力価格と比較されてきたためである．つまり，電力価格が金科玉条とされてきたのである．このような社会では，「電力源の安全」より「価格」が優先されることもある．福島原発事故以降,電力の「固定価格買取り制度」(FIT) が注目されている．この制度には，「価格が高い電力源を育てよう」という思想がある．1980年代から，日本がFITのような制度を導入しておけば，日本は現在と異なった社会になっていたかも知れない．薄膜太陽電池の作製で，世界最高の技術を誇った日本の某企業が最近，外国企業に買収された．筆者は「日本は20年遅れた」と思っている．

16.3　太陽電池モジュール作製による仕事の創出
　　　－国家プロジェクト案－

　現在，エコブームであり，太陽電池が注目されている．しかし，仕事の関係で自殺する人が多い現状においては，まず，エコより仕事の創出を優先すべきと考える．また，2011年3月，東日本大震災が起こった．このような状況を考えても，まずは仕事の創出が何より急務である．各種電源の電力価格を比較して論じることも大切であるが，仕事を創出すれば電気料金が多少高くても，生活に格別な支障がない．

(1)　太陽電池モジュール作製「国家プロジェクト」

　以下に，仕事創出に関する私案を述べる．この私案には「結晶Si系太陽電池を用いた太陽電池モジュールづくり」がかかわる．モジュールに関しては，第13章で詳細を述べた．この政策では，中小企業が主体となって，太陽電池モジュールを製造して販売するが，太陽電池セルは既存の太陽電池メーカから購入するやり方である．したがって，この政策は既存の太陽電池メーカと競合するものではない．

　筆者が結晶Si系太陽電池に注目する理由は，この種のプロジェクト（仕事）に，中小企業や家内工場，さらに一般市民が従事できるからである．太陽電池には薄膜太陽電池もあるが，薄膜太陽電池モジュールの作製には大型装置を必要とする．したがって，薄膜太陽電池関係の業務には，大手企業は対応できるが，中小企業や一般市民が参画するのは難しい．

　モジュールには千差万別あるが，一例として比較的小型である出力50W級の結晶Si系太陽電池モジュールを考える．この種のモジュールで，最も重い部品は白板強化ガラス板（厚さ2mm程度，面積50cm×70cm程度）であるが，誰も容易に取り扱うことができる．さらに，この種のモジュールは家内工場でも製造することができる．この種のモジュールをつくるためには小型ラミネータを用いるが，簡易ラミネータなら，1台70～100万円程度で作製することができる．私案政策では，たくさんのラミネータを必要とするので，鋳物産業の活性化にも役立つ．

(2) 製造したモジュールの電力

次に，作業員1人が1日に1台のモジュール（50 W 程度）をつくると仮定する．日本の人件費は海外に比べて高いため，人件費などの面で，国などの支援を必要とする．仮に，国策として1人の作業員に年間300万円を支援すると仮定する．この金額を人件費などに充当すれば，モジュール価格は主として材料費のみとなるので，外国製モジュールの価格に対抗できる．上記の政策で作製した太陽電池モジュールを販売する場合，1台につき，約1万5000円の利益が見込める．モジュール作製作業員の人数を10万人と仮定すると，国の年間予算は3000億円になる．この予算には税金が充当されるが，3000億円を単純に人口1億人で割り算すると，1人あたり年間3000円程度の負担となる．モジュール1台の出力を50 W と仮定しているので，10万人が年間に製造するモジュールの電力は容易に計算できる．年間を200日とすると，年間に製造するモジュールの合計発電量は1 GW（$= 10^9$ W）となり，10年間では累計 10 GW となる．

(3) 現行電力との比較

参考まで，上述した電力を東京電力管内の電力と比較する．統計によれば，東京電力管内の合計電力は最大 6000万 kW（$= 60$ GW）である．つまり，上述したモジュール生産量の10年後の累計（10 GW）は，現行の東京電力の合計の約6分の1（$= 16\%$）になる．上記の政策プロジェクトで製造するモジュールに，民間企業が生産する太陽電池モジュールの電力量を加えると，10年後に太陽電池が占める発電量は 30 GW にもなる．これは 60 GW の 50% である．

(4) モジュール販売による収益

上記の政策で製造したモジュールを販売する場合，上述したように，1台につき約1万5000円の利益が見込める．作業員1人が年間，約200台のモジュールを製造できるので，年間 200×1万5000円（$= 300$万円）の収益が見込める．しかし，以上で述べた作業員は1人あたり，国から年間300万円の支援を受けているので，収益を新規作業員の雇用に充てることができる．このようにすると，当初10万人だったモジュール作製従業員の累計は翌年には20万人になる．さらに，翌々年には40万人規模になる．このような政策を施行すれば，約10年後に日本の電力をすべて太陽電池などの新エネルギー源で賄うことができると考える．

以上に述べた「太陽電池モジュール作製による仕事の創出政策」と 16.1 節に述べたような大学教育のやり方を融合すれば，日本は世界に誇れる「新エネルギー

国」となる．また，そうした政策はセーフティネットの構築にも役立つので，国内外から絶賛されると考える．

16.4　大規模国家プロジェクト

　以上で述べた政策プロジェクトでは，太陽電池セルを既存のメーカから購入すると仮定した．さらに，大型国家プロジェクトの政策を述べる．このプロジェクトでは，太陽電池製造の原材料である金属グレードのシリコン結晶の製造も行う．この種のシリコン結晶は第8章で述べたシーメンス法によって製造できる．この大型プロジェクトでは，下記の一連の作業を行う．なお，取り扱う太陽電池はすべて結晶Si系太陽電池である．
- シーメンス法による金属グレードシリコンの製造
- 太陽電池基板の製造
- 太陽電池セルの製造
- 太陽電池モジュールの製造
- 太陽電池セルとモジュールに対する評価試験
- 太陽電池発電システムの設置（屋根および発電所）
- 太陽電池技術教育大学（仮称）の設立

ここで，大学などのすべての運営には，従来と異なる組織体制が望まれる．運用の主体は地方となるが，政府直属の組織である．最高指揮権は内閣総理大臣にあり，すべての進捗状況や情報は総理大臣に直接報告される．これは組織の簡素化と迅速化のためである．何より大切なことは，関係者が「国益のために働く」という意識をもつことである．

　このプロジェクトで，最も大きい設備投資はシーメンス法によるシリコン結晶製造工場の設立であり，約1000〜1300億円の費用が必要となる．概算であるが，当初1兆円規模の予算があれば，一貫したすべての工場が設立できると考える．こうした政策を外国に先んじて遂行すれば，下記の効果が期待される．なお，大手太陽電池メーカは重点を薄膜太陽電池へシフトしつつあるのが現状である．上記のプロジェクトでは結晶Si系太陽電池を扱うので，これらの大手メーカと直接競合することはない．
- 世界最初の新エネルギー国になり，多くの外国とネットワークができる．
- 約10年以内に，電力を新エネルギーでほとんど賄うことができる．
- 数百万人レベルの雇用を創出できる．

- 多くの中小企業や家内工場などがモジュール作製の業務に従事できる．
- 老若男女問わず，仕事に従事できる．
- セーフティネットの構築に役立つ（従業員の人選が必要な場合は，家庭の経済状況に配慮する）．
- 多くの博士課程修了者を上記の大学が雇用するとオーバードクター問題が解消される．

付　　録

付表 I

結晶 Si 系太陽電池の具体的なパラメータ（室温）

np 接合　$N_d=5\times10^{19}$, $D_p=1.295$, $\tau_p=0.4\times10^{-6}$						
基板の抵抗率	アクセプタの不純物濃度	電子の移動度	電子の拡散係数	電子の寿命	電子の拡散長	空乏層の厚さ（印加電圧なし）
ρ_{sub} [Ω cm]	N_a [cm^{-3}]	μ_n [cm^2/V sec]	D_n [cm^2/sec]	τ_n [sec]	L_n [10^{-4} cm]	W(0 bias) [10^{-4} cm]
10	1.25×10^{15}	1390	36	15×10^{-6}	232	0.93
1	1.5×10^{16}	1040	27	10×10^{-6}	164	0.28
0.1	5×10^{17}	420	10.9	2.5×10^{-6}	52.2	0.05
pn 接合　$N_a=5\times10^{19}$, $D_n=2.15$, $\tau_n=1.1\times10^{-6}$						
基板の抵抗率	ドナー不純物濃度	正孔の移動度	正孔の拡散係数	正孔の寿命	正孔の拡散長	空乏層の厚さ（印加電圧なし）
ρ_{sub} [Ωcm]	N_d [cm^{-3}]	μ_p [cm^2/V sec]	D_p [cm^2/sec]	τ_p [sec]	L_p [10^{-4} cm]	W(0 bias) [10^{-4} cm]
10	4.5×10^{14}	580	15	15×10^{-6}	150	1.5
1	5.1×10^{15}	500	13	7.5×10^{-6}	98.5	0.47
0.1	8.5×10^{16}	350	9	1.5×10^{-6}	36.9	0.12

［出典：H. J. Hovel：Solar cells. In, R. K. Willardson and A. C. Beer (eds.) *Semiconductors and Semimetals*, vol. 11, Academic Press, 1975］

付表 II

SI 単位系の仕組み

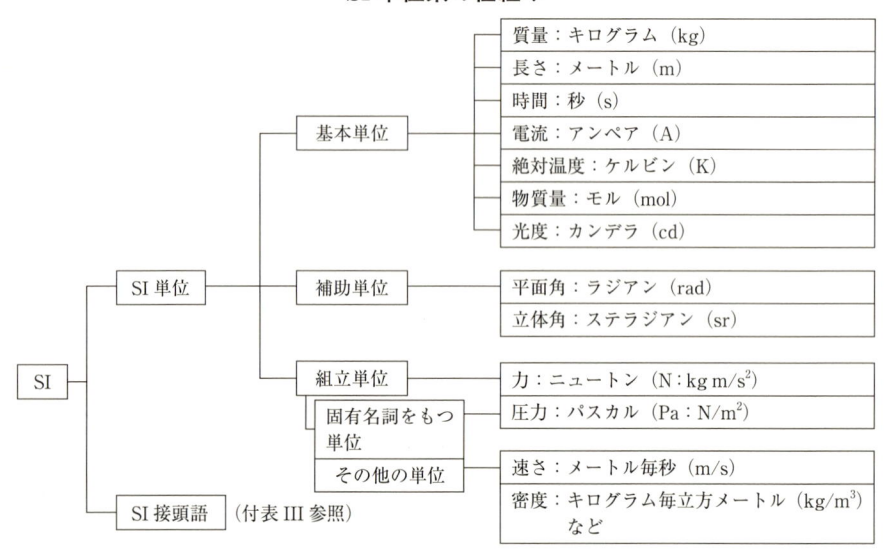

- SI
  - SI 単位
    - 基本単位
      - 質量：キログラム（kg）
      - 長さ：メートル（m）
      - 時間：秒（s）
      - 電流：アンペア（A）
      - 絶対温度：ケルビン（K）
      - 物質量：モル（mol）
      - 光度：カンデラ（cd）
    - 補助単位
      - 平面角：ラジアン（rad）
      - 立体角：ステラジアン（sr）
    - 組立単位
      - 固有名詞をもつ単位
        - 力：ニュートン（N：kg m/s^2）
        - 圧力：パスカル（Pa：N/m^2）
      - その他の単位
        - 速さ：メートル毎秒（m/s）
        - 密度：キログラム毎立方メートル（kg/m^3）
        - など
  - SI 接頭語（付表 III 参照）

固有（人名）名詞をもつ組立単位

量	名 称	記 号	基本単位による表し方	他の表し方
周波数	ヘルツ	Hz	s^{-1}	
力	ニュートン	N	$m \cdot kg \cdot s^{-2}$	
圧力，応力	パスカル	Pa	$m^{-1} \cdot kg \cdot s^{-2}$	N/m^2
エネルギー，仕事，熱量	ジュール	J	$m^2 \cdot kg \cdot s^{-2}$	N·m
放射束	ワット	W	$m^2 \cdot kg \cdot s^{-3}$	J/s
電気量，電荷	クーロン	C	$s \cdot A$	
電圧，電位	ボルト	V	$m^2 \cdot kg \cdot s^{-3} \cdot A^{-1}$	W/A
静電容量	ファラッド	F	$m^{-2} \cdot kg^{-1} \cdot s^4 \cdot A^2$	C/V
電気抵抗	オーム	Ω	$m^2 \cdot kg \cdot s^{-3} \cdot A^{-2}$	V/A
コンダクタンス	ジーメンス	S	$m^{-2} \cdot kg^{-1} \cdot s^3 \cdot A^2$	A/V
磁束	ウェーバ	Wb	$m^2 \cdot kg \cdot s^{-2} \cdot A^{-1}$	V·s
磁束密度	テスラ	T	$kg \cdot s^{-2} \cdot A^{-1}$	Wb/m^2
インダクタンス	ヘンリー	H	$m^2 \cdot kg \cdot s^{-2} \cdot A^{-2}$	Wb/A
放射能	ベクレル	Bq	s^{-1}	
吸収線量	グレイ	Gy	$m^2 \cdot s^{-2}$	
光束	ルーメン	lm		
照度	ルクス	lx	$m^{-2} \cdot cd \cdot sr$	

［出典：JIS Z 8203-1985］

付表 III

その他の単位

量	名称	記号	基本単位による表し方
角速度	ラジアン毎秒	rad/s	$rad \cdot s^{-1}$
角加速度	ラジアン毎秒毎秒	rad/s^2	$rad \cdot s^{-2}$
粘度	パスカル秒	Pa s	$m^{-1} \cdot kg \cdot s^{-1}$
力のモーメント	ニュートンメートル	N m	$m^2 \cdot kg \cdot s^{-2}$
表面張力	ニュートン毎メートル	N/m	$kg \cdot s^{-2}$
熱流密度	ワット毎平方メートル	W/m^2	$kg \cdot s^{-3}$
熱容量	ジュール毎ケルビン	J/K	$m^2 \cdot kg \cdot s^{-2} \cdot K^{-1}$
比熱	ジュール毎キログラム毎ケルビン	J/(kg K)	$m^2 \cdot s^{-2} \cdot K^{-1}$
質量エネルギー	ジュール毎キログラム	J/kg	$m^2 \cdot s^{-2}$
熱伝導率	ワット毎メートル毎ケルビン	W/(m K)	$m \cdot kg \cdot s^{-3} \cdot K^{-1}$
体積エネルギー	ジュール毎立方メートル	J/m^3	$m^{-1} \cdot kg \cdot s^{-2}$
電界の強さ	ボルト毎メートル	V/m	$m \cdot kg \cdot s^{-3} \cdot A^{-1}$
体積電荷	クーロン毎立方メートル	C/m^3	$m^{-3} \cdot s \cdot A$
放射強度	ワット毎ステラジアン	W/sr	$m^2 \cdot kg \cdot s^{-3} \cdot sr^{-1}$
電気変位	クーロン毎平方メートル	C/m^2	$m^{-2} \cdot s \cdot A$
誘電率	ファラッド毎メートル	F/m	$m^{-3} \cdot kg^{-1} \cdot s^4 \cdot A^2$
透磁率	ヘンリー毎メートル	H/m	$m \cdot kg \cdot s^{-2} \cdot A^{-2}$

SI 接頭語

倍数	接頭語	記号	倍数	接頭語	記号
10^{24}	ヨタ	Y	10^{-1}	デシ	d
10^{21}	ゼタ	Z	10^{-2}	センチ	c
10^{18}	エクサ	E	10^{-3}	ミリ	m
10^{15}	ペタ	P	10^{-6}	マイクロ	μ
10^{12}	テラ	T	10^{-9}	ナノ	n
10^{9}	ギガ	G	10^{-12}	ピコ	p
10^{6}	メガ	M	10^{-15}	フェムト	f
10^{3}	キロ	k	10^{-18}	アト	a
10^{2}	ヘクト	h	10^{-21}	ゼプト	z
10^{1}	デカ	da	10^{-24}	ヨクト	y

付表 IV

物理定数表

光速度	c	2.998×10^8 m/s
重力定数	g	9.80665 m/s^2
アボガドロ定数	N_A	6.02×10^{23} mol^{-1}
気体定数	R	8.31 J/(mol K)
理想気体の標準体積(1モルあたり)	V_0	2.24×10^{-2} m^3
質量-エネルギー換算	c^2	8.99×10^{16} J/kg 931.5 MeV/u
真空の誘電率	ε_0	8.85×10^{-12} F/m
真空の透磁率	μ_0	1.26×10^{-6} H/m
プランク定数	h	6.63×10^{-34} J s 4.14×10^{-15} eV s
ボルツマン定数	k	1.38×10^{-23} J/K 8.62×10^{-5} eV/K
電気素量	e	1.60×10^{-19} C
電子ボルト	eV	1.602×10^{-19} J
電子の質量	m_e	9.11×10^{-31} kg 5.49×10^{-4} u
陽子の質量	m_p	1.67×10^{-27} kg 1.0073 u
中性子の質量	m_n	1.68×10^{-27} kg 1.0087 u
陽子と電子の質量比	m_p/m_n	1840
水素原子の質量	m_H	1.0078 u
ヘリウム原子の質量	m_{He}	4.0026 u
電子の比電荷	e/m_e	1.76×10^{11} C/kg
電子の古典半径	r_0	1.409×10^{-15} m
ボーア半径	r_B	5.29×10^{-11} m
ボーア磁子	μ_B	9.27×10^{-24} J/T 5.79×10^{-5} eV/T (Tはテスラ)
水素のイオン化エネルギー	W_i	13.58 eV
電子のコンプトン波長	λ	2.426×10^{-12} m

(uは原子質量単位で $1 \text{ u} = 1.6605 \times 10^{-27}$ kg)

付表 V

変　換

質量と密度
1 kg = 1000 g = 6.02×10^{26} u
1 u = 1.6605×10^{-27} kg
1 kg/m^3 = 10^{-3} g/cm^3

長さ
1 nm = 10^{-9} m = 10 Å
1 μm = 10^{-6} m
1 Å = 0.1 nm = 10^{-8} cm = 10^{-10} m

時間
1 年 = 3.16×10^7 s

角度
1 rad = 57.3°
π rad = 180°
1° = 60′（分）= 3600″（秒）
　 = 1.745×10^{-2} rad
1 球面角 = 4π sr（ステラジアン）
　　　 = 12.57 sr

速さ
1 km/h = 0.278 m/s

力と圧力
1 N = 10^5 dyne = 102.0 gf
（注）gf は 1 グラムの物体に作用する力.
　　　g は重力定数 = 9.80665 m/s^2
1 Pa = 1 N/m^2 = 10 dyne/cm^2
1 atm（気圧）= 1.013×10^5 Pa = 760 mmHg
　　　　　　 = 1.013×10^6 dyne/cm^2 = 1.033 kgf/cm^2
1 torr（トール）= 133.3 Pa = 1 mmHg

エネルギー
MW（メガワット）= 10^6 ワット
GW（ギガワット）= 10^9 ワット
1 W = 0.2389 cal/s = 1.341×10^{-3} hp（馬力）
1 kWh = 3.600×10^6 J
1 cal = 4.186 J
1 J = 10^7 erg = 0.2389 cal
1 hp = 746 W
1 meV = 11.6 K
1 K = 8.616×10^{-5} eV
1 eV = 1.602×10^{-19} J = 3.827×10^{-20} cal
　　 = 4.450×10^{-26} kWh
1 eV に相当する物理量
　温度 = 11604 K
　波長 = 1240 nm　　周波数 = 2.418×10^{14} Hz
　波数 = 8.066×10^5 m^{-1}
　電子の速度 = 5.931×10^5 m/s

電気と磁気
1 T（テスラ）= 1 Wb/m^2 = 10^4 gauss

付表 VI

元素の周期表

( ) 内の数値は放射性同位体の中から1種類を選んで、その質量数を表示してある。

凡例: 金属元素 / 非金属元素 / 元素記号・元素名・原子量（$^{12}C=12$）・原子番号

族\周期	1	2	3	4	5	6	7	8	9	10	11	12	13	14	15	16	17	18
1	1H 水素 1.008																	2He ヘリウム 4.003
2	3Li リチウム 6.941	4Be ベリリウム 9.012											5B ホウ素 10.81	6C 炭素 12.01	7N 窒素 14.01	8O 酸素 16.00	9F フッ素 19.00	10Ne ネオン 20.18
3	11Na ナトリウム 22.99	12Mg マグネシウム 24.31											13Al アルミニウム 26.98	14Si ケイ素 28.09	15P リン 30.97	16S 硫黄 32.07	17Cl 塩素 35.45	18Ar アルゴン 39.95
4	19K カリウム 39.10	20Ca カルシウム 40.08	21Sc スカンジウム 44.96	22Ti チタン 47.88	23V バナジウム 50.94	24Cr クロム 52.00	25Mn マンガン 54.94	26Fe 鉄 55.85	27Co コバルト 58.93	28Ni ニッケル 58.69	29Cu 銅 63.55	30Zn 亜鉛 65.39	31Ga ガリウム 69.72	32Ge ゲルマニウム 72.61	33As ヒ素 74.92	34Se セレン 78.96	35Br 臭素 79.90	36Kr クリプトン 83.8
5	37Rb ルビジウム 85.47	38Sr ストロンチウム 87.62	39Y イットリウム 88.91	40Zr ジルコニウム 91.22	41Nb ニオブ 92.91	42Mo モリブデン 95.94	43Tc テクネチウム (99)	44Ru ルテニウム 101.1	45Rh ロジウム 102.9	46Pd パラジウム 106.4	47Ag 銀 107.9	48Cd カドミウム 112.4	49In インジウム 114.8	50Sn スズ 118.7	51Sb アンチモン 121.8	52Te テルル 127.6	53I ヨウ素 126.9	54Xe キセノン 131.3
6	55Cs セシウム 132.9	56Ba バリウム 137.3	57~71 ランタノイド	72Hf ハフニウム 178.5	73Ta タンタル 180.9	74W タングステン 183.9	75Re レニウム 186.2	76Os オスミウム 190.2	77Ir イリジウム 192.2	78Pt 白金 195.1	79Au 金 197.0	80Hg 水銀 200.6	81Tl タリウム 204.4	82Pb 鉛 207.2	83Bi ビスマス 209.0	84Po ポロニウム (210)	85At アスタチン (210)	86Rn ラドン (222)
7	87Fr フランシウム (223)	88Ra ラジウム (226)	89~103 アクチノイド															

ランタノイド:

| 57La ランタン 138.9 | 58Ce セリウム 140.1 | 59Pr プラセオジム 140.9 | 60Nd ネオジム 144.2 | 61Pm プロメチウム (145) | 62Sm サマリウム 150.4 | 63Eu ユウロピウム 152.0 | 64Gd ガドリニウム 157.3 | 65Tb テルビウム 158.9 | 66Dy ジスプロシウム 162.5 | 67Ho ホルミウム 164.9 | 68Er エルビウム 167.3 | 69Tm ツリウム 168.9 | 70Yb イッテルビウム 173.0 | 71Lu ルテチウム 175.0 |

アクチノイド:

| 89Ac アクチニウム (227) | 90Th トリウム 232.0 | 91Pa プロトアクチニウム 231.0 | 92U ウラン 238.0 | 93Np ネプツニウム (237) | 94Pu プルトニウム (239) | 95Am アメリシウム (243) | 96Cm キュリウム (247) | 97Bk バークリウム (247) | 98Cf カリホルニウム (252) | 99Es アインスタイニウム (252) | 100Fm フェルミウム (257) | 101Md メンデレビウム (258) | 102No ノーベリウム (259) | 103Lr ローレンシウム (262) |

索　引

欧　文

AM　30
AM 0　33
AM 1　33
AM 1.5　33
AM 2　33
ARC　125, 130

BSF 形太陽電池　74, 121
BSR 形太陽電池　74

CdS 系太陽電池　16
Chapin　1
CIGS 太陽電池　16
CZ 法　103

ECR　117
EVA　148

FF　78
FIT　20, 176
Fuller　1

IGBT　172
ITO　138
I-V 特性　75, 77, 160

junction perfection factor　86

LED　25
Loferski　30
LPCVD　134

MOCVD　25

n 形半導体　44, 47
NASA　95

p 形半導体　44, 45
Pearson　1
pn 接合　52

pn 接合理論　14
PWM　172

RCA 洗浄　98, 112

Shiozawa　14
Shockley　14
Si-Si ボンドの結合力　116

Thekaekara　29

X 線マイクロアナライザ　68

ア　行

アクセプタ　45
アーク放電　100
アニーリング　129
アルカリ化学エッチング　133
アレイ　144
安定化　173
暗電流　61, 87

イソブチレン　150
イソプレン　150
位置エネルギー　41
一方向凝固　106
移動度　62
イレブンナイン　101
インクジェット　126
インターコネクタ　3, 5, 126
インバータ　166, 171

ウェットエッチング　112
運動エネルギー　41

エアマス　30
エネルギースペクトル　29
エネルギーバンド　43
エネルギー・ペイバック・タイム　18
エマルション　124

エリプソメータ　139
エレクトロンボルト　11
エンタルピー　112

オキシ塩化リン　68, 120
オージェ電子　67
オージェ電子分光法　66
オゾンホール　32
オーバードクター問題　184
オープニング　124
オレフィン系炭化水素　148
温湿度サイクル試験　162
温度サイクル試験　162

カ　行

外観検査　159
回転運動　32
外部光電効果　29
外部量子効率　38
開放電圧　75
開放電圧ファクタ　89
　　──による損失　58
化学的洗浄　112
架橋　144, 148
架橋反応　123
拡散機構　65
拡散時間（寿命）　51
拡散長　51, 79
拡散定数　70
拡散電流　51
架台　169
片面研磨　109
活性化エネルギー　66
価電子　42
カバーガラス　31
ガラスパッケージ方式　144
感光性樹脂　124
感光乳剤　124
間接遷移形半導体　80

基準状態　34, 162
キセノンランプ　34, 39

索引

基板の作製　106
逆潮流　166, 167
逆潮流制御装置　169
逆変換装置　171
逆方向電流　61
逆方向バイアス　60
キャスト（鋳造）法　105
キャリアガス　69
吸収係数　57
共重合　148
共鳴吸収　32
共有結合　43
曲線因子　78
許容帯　43
禁止帯　43
金属グレードのシリコン　100

空間電荷領域　54
空乏層　54
くし形電極　3
グリッド　5
クーロンの力　41

珪石　100
系統連結システム　166
結合エネルギー　112
結合力　116
結晶 Si 系太陽電池　2, 14
減圧 CVD　134

光子　27
格子定数　43
高速電子線　31
光電効果　28
光電子　28
光導電効果　52
光量子仮説　28
光路差　136
小型モジュール　144
国家プロジェクト案　181
固定価格買取り制度　176, 180
こて先温度　145
コミュニティー発電所　177

サ 行

最近接距離　43
サイクロトロン共鳴　117
再結合　51, 78
再結合速度　78
再結合中心　51, 79
最大出力　78
最大出力電圧　78
最大出力電流　78
最適電圧　78
最適電流　78
最適電力　78
サブストレート方式　143
酸化インジウム　138
酸化スズ　138
酸系化学エッチング　133
三臭化ホウ素　121
三重層反射防止膜　138
三相電圧形　172

紫外線　30
色素増感太陽電池　5
ジクロロシラン　135
ジシラザン　135
自然酸化膜　112, 132
シート抵抗　91
ジボラン　121
シーメンス法　98, 101
紗　123
シャント抵抗　82
集光形ソーラーシミュレータ　36
集光形太陽電池　83
自由電子　5, 46
充満帯　44
主量子数　41
順方向特性　62
順方向バイアス　59
常圧 CVD　133
少数キャリア　50, 76
蒸留　99
触針式段差計　161
ショットキー障壁　82
ショットキーダイオード　151
シリコン　9
シリコン基板　4, 9
シリコンゴム　149
シリコンテトラクロライド　100
真空蒸着　126
真空蒸着法　123
人工衛星用太陽電池　15, 95, 159
真性半導体　44

水溶性感光剤　124
水溶性樹脂　123
スキージ　125
スクリーン　123
スクリーン印刷法　123
スタイブラー・ロンスキー効果　18
ステイン法　69
スーパーストレート方式　144
スパッタエッチング　114
スパッタリング　114
スパッタリング法　126, 128, 135
スマートグリッド　176, 177

正孔　44, 45
静止エネルギー　41
成層圏　32
精留　100
整流特性　61
石英製るつぼ　103
赤外線　31
接合の良否　86
接続箱（連結箱）　168, 171
セーフティネット　184
セルの不良率　154
セル封止剤　148
セレン系太陽電池　12
選択エッチング　161

ソーラーシミュレータ　34
ソーラーセル　1

タ 行

ダイオード曲線　61
ダイオード特性　59
大気圏　32
耐放射線特性　95
ダイヤモンド構造　42
太陽定数　30, 33
太陽電池アレイ　6
太陽電池セル　1
太陽電池の種類　2
太陽電池の断面構造　4
太陽電池の父　12
太陽電池メガソーラー　177
太陽電池モジュール　6
対流圏　32
ダイレクトプリンティング

126
多結晶　3
多結晶基板　10
多結晶シリコンインゴット　105
　　——の研磨　107
多結晶Si系太陽電池　2
多数キャリア　50, 76
種結晶　104
ターンキーソリューション　23
単結晶　3
単結晶インゴット　103
単結晶基板　10
単結晶Si系太陽電池　2
単結晶引き上げ　103
段差計　161
端子強度試験　163
端子箱（端子ボックス）　152
単相電圧形　172
短絡電流　76

蓄電池　167
窒化シリコン　135
チップ　159
超音波ハンダ　146
直接遷移形半導体　80
チョクラルスキー　12
チョクラルスキー法　103
直列抵抗　89

定エネルギー照射分光器　38
定エネルギースペクトル　39
低温ハンダ　145
　　ペースト状の——　145
定フォトン分光器　39
テドラ　144, 149
テトラエチルオルソシリケイト　134
テトラフルオロエチレン　147
テフロン　147
テフロンシート　147
テフロンフッ素樹脂　148
電解質　175
電極パターン　90
電極フィンガー　82
電子線照射　94
電磁波　27
電子ビーム蒸着機　127
電流電圧特性　75, 160

電力変換効率　171
電力量計　168

独立型システム　166
ドナー準位　47
ドナー電子　47
ドーパント　45
ドープ　45
ドライエッチング　112, 114
トリクロロシラン　100
ドリフト電流　50

ナ　行

内部光電効果　29
内部抵抗　81
ナトリウム・硫黄二次電池　175
鉛フリーハンダ　145

二元共重合体　148
二酸化ケイ素　131
二次イオン質量分析法　67
二重層反射防止膜　138
ニック　159
ニッケル水素二次電池　175
二フッ化キセノン　119
日本工業規格　36, 162
入射光エネルギーの損失　59
乳濁液　124

熱酸化　133
燃料電池　1, 8

ハ　行

配線抵抗　82
売電　167
配電盤　166
バイトン　148
バイパスダイオード　151
白板強化ガラス　31, 146, 153
薄膜太陽電池　2, 10
バスバー　5, 126
バックカバー　149
バックシート　149
発熱反応　133
パネル　144
バブラー　69
バルク太陽電池　9
ハロゲンランプ　40

パワーコンディショナ　166, 171
版　124
反射防止膜　125, 130
反射率　137
ハンダ　144
ハンダ付け　6
半導体の抵抗率　62
反応性イオンエッチング　118

光起電力効果　1
光発生電流　76, 86
評価試験　158
標準状態　34, 162
表面粗さ計　160
表面検査装置　111
表面研磨　109
表面抵抗　91
表面電極　3

フィックの拡散方程式　71
フィルファクタ　78
フィンガー　5
風力発電　8
フェルミ準位　48, 49
フォノン　63
　　——によるキャリアの散乱　63
不純物準位　79
不純物半導体　44
ブチルゴム　150
ブチルテープ　150
ブチレン　150
フッ化水素（HF）　69, 113
フッ素化シリコンゴム　150
フッ素ゴム　148
フッ素樹脂　147
物理的洗浄　112
プラズマエッチング　114
プラズマCVD　134
フラックス　145
フレキシブル太陽電池　6
フレーム　154
フローティングゾーン　97
プロトン　31, 41
フロントカバーガラス　146
分光感度特性　38, 94
分光器　37
分光放射照度分布　29

分子振動　32

平滑化　173
並列抵抗　82
ベル研究所　14
変換効率　55
　——（効率）　5
　——（占有面積に対する）　56
　——（有効受光面積に対する）
　　55
偏光角　139
ボーアモデル　41
放射線照射試験　159
飽和電流　61
補償半導体　120
ホットウォール型電気炉　133
ポテンシャルエネルギー　41
ポリスタ膜　149

マ 行

マイクロ波　31

マグネトロンスパッタリング
　117

無鉛ハンダ　145

メッシュ　124

モジュール　143
モジュール製造工程　156
もれ電流　61

ヤ 行

やに入りハンダ　146

有機太陽電池　5
有効質量　62
陽子　31
溶接　6, 146

ラ 行

ラジカル　119

ラッピング　109
ラミネータ　150

リアクティブイオンエッチング
　119
離散的　41
リチウムイオン二次電池　175
裏面電極　3
量子効率　38
量子収集効率　38, 39
両面研磨　109

励起活性種　119
レーザパターンニング　144
連結保護装置　169

ローレンツの力　31, 117

ワ 行

ワイヤーソー　111

著者略歴

菅原 和士(すがわら かずし)

1974年 Case Western Reserve University 大学院博士課程修了(物理学), Ph.D.
アメリカ航空宇宙局 NASA, シャープ(株)で高性能太陽電池の研究開発に従事.
1993年 日本工業大学電気電子工学科教授. 太陽電池の研究と教育に従事. 2007年同大学定年退職.

専　門　太陽電池, 放射線損傷, 磁性物性, 超伝導物性, 工学英語
著　書　「工学への基礎物理」,「電子物性とデバイス工学」,「新エネルギー技術」,「工学英語Ⅰ」,「工学英語Ⅱ」(以上, 日本理工出版会),「太陽電池などによる東日本復興・私案及び原発と放射能の詳細」(太陽電池教育研究室)

太陽電池の基礎と応用
―主流である結晶シリコン系を題材として―　　定価はカバーに表示

2012年4月25日　初版第1刷

著　者	菅　原　和　士
発行者	朝　倉　邦　造
発行所	株式会社　朝　倉　書　店

東京都新宿区新小川町 6-29
郵便番号　162-8707
電　話　03(3260)0141
FAX　03(3260)0180
http://www.asakura.co.jp

〈検印省略〉

ⓒ 2012〈無断複写・転載を禁ず〉

印刷・製本　東国文化

ISBN 978-4-254-22050-6　C 3054　　Printed in Korea

JCOPY 〈(社)出版者著作権管理機構 委託出版物〉

本書の無断複写は著作権法上での例外を除き禁じられています. 複写される場合は, そのつど事前に, (社)出版者著作権管理機構(電話 03-3513-6969, FAX 03-3513-6979, e-mail: info@jcopy.or.jp)の許諾を得てください.

前電通大 木村忠正・東北大 八百隆文・首都大 奥村次德・
電通大 豊田太郎編

電子材料ハンドブック

22151-0 C3055　　　　B 5 判 1012頁 本体39000円

材料全般にわたる知識を網羅するとともに，各領域における材料の基本から新しい材料への発展を明らかにし，基礎・応用の研究を行う学生から研究者・技術者にとって十分役立つよう詳説。また，専門外の技術者・開発者にとっても有用な情報源となることも意図する。〔内容〕材料基礎／金属材料／半導体材料／誘電体材料／磁性材料・スピンエレクトロニクス材料／超伝導材料／光機能材料／セラミックス材料／有機材料／カーボン系材料／材料プロセス／材料評価／種々の基本データ

前東工大 森泉豊栄・東工大 岩本光正・東工大 小田俊理・
日大 山本 寛・拓殖大 川名明夫編

電子物性・材料の事典

22150-3 C3555　　　　A 5 判 696頁 本体23000円

現代の情報化社会を支える電子機器は物性の基礎の上に材料やデバイスが発展している。本書は機械系・バイオ系にも視点を広げながら"材料の説明だけでなく，その機能をいかに引き出すか"という観点で記述する総合事典。〔内容〕基礎物性(電子輸送・光物性・磁性・熱物性・物質の性質)／評価・作製技術／電子デバイス／光デバイス／磁性・スピンデバイス／超伝導デバイス／有機・分子デバイス／バイオ・ケミカルデバイス／熱電デバイス／電気機械デバイス／電気化学デバイス

日本エネルギー学会編

エネルギーの事典

20125-3 C3550　　　　B 5 判 768頁 本体28000円

工学的側面からの取り組みだけでなく，人文科学，社会科学，自然科学，政治・経済，ビジネスなどの分野や環境問題をも含めて総合的かつ学際的にとらえ，エネルギーに関するすべてを網羅した事典。〔内容〕総論／エネルギーの資源・生産・供給／エネルギーの輸送と貯蔵・備蓄／エネルギーの変換・利用／エネルギーの需要・消費と省エネルギー／エネルギーと環境／エネルギービジネス／水素エネルギー社会／エネルギー政策とその展開／世界のエネルギーデータベース

前東大 清水忠雄監訳

ペンギン物理学辞典

13106-2 C3542　　　　A 5 判 512頁 本体9200円

本書は，半世紀の歴史をもつThe Penguin Dictionary of Physics 4th ed.の全訳版。一般物理学はもとより，量子論・相対論・物理化学・宇宙論・医療物理・情報科学・光学・音響学から機械・電子工学までの用語につき，初学者でも理解できるよう明解かつ簡潔に定義づけるとともに，重要な用語に対しては背景・発展・応用等まで言及し，豊富な理解が得られるよう配慮したものである。解説する用語は4600，相互参照，回路・実験器具等図の多用を重視し，利便性も考慮されている。

ペンギン電子工学辞典編集委員会訳

ペンギン電子工学辞典

22154-1 C3555　　　　B 5 判 544頁 本体14000円

電子工学に関わる固体物理などの基礎理論から応用に至る重要な5000項目について解説したもの。用語の重要性に応じて数行のものからページを跨がって解説したものまでを五十音順配列。なお，ナノテクノロジー，現代通信技術，音響技術，コンピュータ技術に関する用語も多く含む。また，解説に当たっては，400に及ぶ図表を用い，より明解に理解しやすいよう配慮されている。巻末には，回路図に用いる記号の一覧，基本的な定数表，重要な事項の年表など，充実した付録も収載

東北大 松木英敏・東北大 一ノ倉理著
電気・電子工学基礎シリーズ2
電磁エネルギー変換工学
22872-4 C3354　　A5判 180頁 本体2900円

電磁エネルギー変換の基礎理論と変換機器を扱う上での基礎知識および代表的な回転機の動作特性と速度制御法の基礎について解説。〔内容〕序章／電磁エネルギー変換の基礎／磁気エネルギーとエネルギー変換／変圧器／直流機／同期機／誘導機

東北大 安藤　晃・東北大 犬竹正明著
電気・電子工学基礎シリーズ5
高 電 圧 工 学
22875-5 C3354　　A5判 192頁 本体2800円

広範な工業生産分野への応用にとっての基礎となる知識と技術を解説。〔内容〕気体の性質と荷電粒子の基礎過程／気体・液体・固体中の放電現象と絶縁破壊／パルス放電と雷現象／高電圧の発生と計測／高電圧機器と安全対策／高電圧・放電応用

日大 阿部健一・東北大 吉澤　誠著
電気・電子工学基礎シリーズ6
システム制御工学
22876-2 C3354　　A5判 164頁 本体2800円

線形系の状態空間表現，ディジタルや非線形制御系および確率システムの制御の基礎知識を解説。〔内容〕線形システムの表現／線形システムの解析／状態空間法によるフィードバック系の設計／ディジタル制御／非線形システム／確率システム

東北大 山田博仁著
電気・電子工学基礎シリーズ7
電 気 回 路
22877-9 C3354　　A5判 176頁 本体2600円

電磁気学との関係について明確にし，電気回路学に現れる様々な仮定や現象の物理的意味について詳述した教科書。〔内容〕電気回路の基本法則／回路素子／交流回路／回路方程式／線形回路において成り立つ諸定理／二端子対回路／分布定数回路

東北大 安達文幸著
電気・電子工学基礎シリーズ8
通信システム工学
22878-6 C3354　　A5判 176頁 本体2800円

図を多用し平易に解説。〔内容〕構成／信号のフーリエ級数展開と変換／信号伝送とひずみ／信号対雑音電力比と雑音指数／アナログ変調（振幅変調，角度変調）／パルス振幅変調・符号変調／ディジタル変調／ディジタル伝送／多重伝送／他

東北大 伊藤弘昌編著
電気・電子工学基礎シリーズ10
フォトニクス基礎
22880-9 C3354　　A5判 224頁 本体3200円

基礎的な事項と重要な展開について，それぞれの分野の専門家が解説した入門書。〔内容〕フォトニクスの歩み／光の基本的性質／レーザの基礎／非線形光学の基礎／光導波路・光デバイスの基礎／光デバイス／光通信システム／高機能光計測

東北大 畠山力三・東北大 飯塚　哲・東北大 金子俊郎著
電気・電子工学基礎シリーズ11
プラズマ理工学基礎
22881-6 C3354　　A5判 196頁 本体2900円

物質の第4状態であるプラズマの性質，基礎的手法やエネルギー・材料・バイオ工学などの応用に関して図を多用し平易に解説した教科書。〔内容〕基本特性／基礎方程式／静電的性質／電磁的性質／生成の原理／生成法／計測／各種プラズマ応用

東北大 末光眞希・東北大 枝松圭一著
電気・電子工学基礎シリーズ15
量 子 力 学 基 礎
22885-4 C3354　　A5判 164頁 本体2600円

量子力学成立の前史から基礎の応用まで平易解説。〔内容〕光の謎／原子構造の謎／ボーアの前期量子論／量子力学の誕生／シュレーディンガー方程式と波動関数／物理量と演算子／自由粒子の波動関数／1次元井戸型ポテンシャル中の粒子／他

東北大 中島康治著
電気・電子工学基礎シリーズ16
量 子 力 学
―概念とベクトル・マトリクス展開―
22886-1 C3354　　A5判 200頁 本体2800円

量子力学の概念や枠組みを理解するガイドラインを簡潔に解説。〔内容〕誕生と概要／シュレーディンガー方程式と演算子／固有方程式の解と基本的性質／波動関数と状態ベクトル／演算子とマトリクス／近似的方法／量子現象と多体系／他

東北大 田中和之・秋田大 林　正彦・東北大 海老澤丕道著
電気・電子工学基礎シリーズ21
電子情報系の応用数学
22891-5 C3354　　A5判 248頁 本体3400円

専門科目を学習するために必要となる項目の数学的定義を明確にし，例題を多く入れ，その解法を可能な限り詳細かつ平易に解説。〔内容〕フーリエ解析／複素関数／複素積分／複素関数の展開／ラプラス変換／特殊関数／2階線形偏微分方程式

東北大 八百隆文・東北大 藤井克司・産総研 神門賢二訳

発光ダイオード

22156-5 C3055　　B5判 372頁 本体6500円

豊富な図と演習により物理的・技術的な側面を網羅した世界の名著の全訳版〔内容〕発光再結合／電気的特性／光学的特性／接合温度とキャリア温度／電流流れの設計／反射構造／紫外発光素子／共振導波路発光ダイオード／白色光源／光通信／他

前青学大 國岡昭夫・信州大 上村喜一著

新版 基礎半導体工学

22138-1 C3055　　A5判 228頁 本体3400円

理解しやすい図を用いた定性的な説明と式を用いた定量的な説明で半導体を平易に解説した全面的改訂新版。〔内容〕半導体中の電気伝導／pn接合ダイオード／金属—半導体接触／バイポーラトランジスタ／電界効果トランジスタ

前同工大 和田隆夫・名工大 市村正也著

半 導 体 物 性 工 学

22127-5 C3055　　A5判 248頁 本体4300円

"半導体とは何か"を平易に解説。〔内容〕半導体結晶／結晶内電子の状態／半導体のエネルギー帯・電子分布・電気的性質／接合の性質／トランジスタ／金属-絶縁体-半導体構造／半導体の光学的性質／半導体材料とその成長法，加工法／他

前阪大 浜口智尋著

半 導 体 物 理

22145-9 C3055　　B5判 384頁 本体5900円

半導体物性やデバイスを学ぶための最新最適な解説。〔内容〕電子のエネルギー帯構造／サイクロトロン共鳴とエネルギー帯／ワニエ関数と有効質量近似／光学的性質／電子-格子相互作用と電子輸送／磁気輸送現象／量子構造／付録

前阪大 浜口智尋・阪大 谷口研二著

半導体デバイスの基礎

22155-8 C3055　　A5判 224頁 本体3600円

集積回路の微細化，次世代メモリ素子等，半導体の状況変化に対応させてていねいに解説。〔内容〕半導体物理への入門／電気伝導／pn接合型デバイス／界面の物理と電界効果トランジスタ／光電効果デバイス／量子井戸デバイスなど／付録

前電通大 木村忠正著 電子・情報通信基礎シリーズ3

電 子 デ バ イ ス

22783-3 C3355　　A5判 208頁 本体3400円

理論の解説に終始せず，応用の実際を見据え高容量・超高速性を念頭に置き解説。〔内容〕固体の電気伝導／半導体／接合／バイポーラトランジスタ／電界効果トランジスタ／マイクロ波デバイス／光デバイス／量子効果デバイス／集積回路

前名大 赤崎 勇編

電 気・電 子 材 料

22017-9 C3054　　A5判 244頁 本体4300円

技術革新が進んでいる電気・電子材料について，半導体，誘電体および磁性体材料に焦点を絞り，基礎に重点をおき最新データにより解説した教科書。〔内容〕電気・電子材料の基礎物性／半導体材料／誘電・絶縁材料／磁性材料／材料評価技術

元東大 青木昌治著 基礎工業物理講座6

応 用 物 性 論

13556-5 C3342　　A5判 304頁 本体3900円

理工系の学生をはじめ一般技術者のテキスト，入門書。〔内容〕量子論／気体の分子運動／原子を結びつける力／結晶の構造／格子原子の熱振動／格子振動による比熱／金属の自由電子論／固体内電子のエネルギー／半導体／半導体のpn接合／他

前学院大 川畑有郷著 物理の考え方3

固 体 物 理 学

13743-9 C3342　　A5判 244頁 本体3500円

過去の研究成果の独創性を実感できる教科書。〔内容〕固体の構造と電子状態／結晶の構造とエネルギー・バンド／格子振動／固体の熱的性質—比熱／電磁波と固体の相互作用／電気伝導／半導体における電気伝導／磁場中の電子の運動／超伝導

前岡山大 東辻浩夫著 物理の考え方4

プ ラ ズ マ 物 理 学

13744-6 C3342　　A5判 200頁 本体3200円

基礎・原理をていねいに記述し，放電から最近の応用まで理工学全般の学生を対象とした教科書。〔内容〕物質の四態／放電とプラズマの生成／電磁界中の荷電粒子の運動／核融合／プラズマの統計力／物質中の電磁界の波動／ダストプラズマ／他

上記価格（税別）は2012年4月現在